U0155473

冰冻圈科学丛书

总主编：秦大河

副总主编：姚檀栋　丁永建　任贾文

冰冻圈物理学

任贾文　盛　煜等　著

科学出版社

北京

内 容 简 介

　　冰冻圈的物理性质和主要物理特征是冰冻圈各种过程、机理和模拟研究的基础，是冰冻圈科学的核心内容。本书依据冰冻圈变化机理研究和冰冻圈模拟的需求，重点对冰的物理性质及冰冻圈力学和动力学、热学和水热过程予以阐述。全书着重对冰冻圈主要的基本概念进行阐述，同时给出必要的概念示例图、经典的实验数据和公式。

　　本书可作为与冰冻圈科学研究相关的研究生和大学本科高年级学生的教学参考书，也可供地理、大气、水文、海洋以及地质、地貌、环境等领域相关专业师生参考。

图书在版编目（CIP）数据

冰冻圈物理学/任贾文等著. —北京：科学出版社，2020.11

（冰冻圈科学丛书 / 秦大河总主编）

ISBN 978-7-03-066724-3

Ⅰ. ①冰… Ⅱ. ①任… Ⅲ. ①冰川学–物理学 Ⅳ. ①P343.6

中国版本图书馆 CIP 数据核字（2020）第 216070 号

责任编辑：杨帅英　张力群/责任校对：何艳萍
责任印制：吴兆东/封面设计：图阅社

科 学 出 版 社 出版
北京东黄城根北街 16 号
邮政编码：100717
http://www.sciencep.com

北京建宏印刷有限公司印刷

科学出版社发行　各地新华书店经销
*

2020 年 11 月第 一 版　开本：787×1092　1/16
2021 年 1 月第二次印刷　印张：10 3/4
字数：255 000

定价：**58.00 元**
（如有印装质量问题，我社负责调换）

"冰冻圈科学丛书" 编委会

总 主 编：秦大河　中国气象局/中国科学院西北生态环境资源研究院

副总主编：姚檀栋　中国科学院青藏高原研究所

丁永建　中国科学院西北生态环境资源研究院

任贾文　中国科学院西北生态环境资源研究院

编　　委：（按姓氏汉语拼音排序）

陈　拓　中国科学院西北生态环境资源研究院

胡永云　北京大学

康世昌　中国科学院西北生态环境资源研究院

李　新　中国科学院青藏高原研究所

刘时银　云南大学

王根绪　中国科学院水利部成都山地灾害与环境研究所

王宁练　西北大学

温家洪　上海师范大学

吴青柏　中国科学院西北生态环境资源研究院

效存德　北京师范大学

周尚哲　华南师范大学

# 本书编写组

主　　笔：任贾文　盛　煜

主要作者：任贾文　盛　煜　李忠勤

　　　　　车　涛　李传金

丛书总序

习近平总书记提出构建人类命运共同体的重要理念，这是全球治理的中国方案，得到世界各国的积极响应。在这一理念的指引下，中国在应对气候变化、粮食安全、水资源保护等人类社会共同面临的重大命题中发挥了越来越重要的作用。在生态环境变化中，作为地球表层连续分布并具有一定厚度的负温圈层，冰冻圈成为气候系统的一个特殊圈层，涵盖冰川、积雪和冻土等地球表层的冰冻部分。冰冻圈储存着全球 77%的淡水资源，是陆地上最大的淡水资源库，也被称为"地球上的固体水库"。

冰冻圈与大气圈、水圈、岩石圈及生物圈并列为气候系统的五大圈层。科学研究表明，在受气候变化影响的诸环境系统中，冰冻圈变化首当其冲，是全球变化最快速、最显著、最具指示性，也是对气候系统影响最直接、最敏感的圈层，被认为是气候系统多圈层相互作用的核心纽带和关键性因素之一。随着气候变暖，冰冻圈的变化及对海平面、气候、生态、淡水资源以及碳循环的影响，已经成为国际社会广泛关注的热点和科学研究的前沿领域。尤其是进入 21 世纪以来，在国际社会推动下，冰冻圈研究发展尤为迅速。2000 年世界气候研究计划推出了气候与冰冻圈核心计划（WCRP-CliC）。2007 年，鉴于冰冻圈科学在全球变化中的重要作用，国际大地测量和地球物理学联合会（IUGG）专门增设了国际冰冻圈科学协会，这是其成立 80 多年来史无前例的决定。

中国的冰川是亚洲十多条大江大河的发源地，直接或间接影响下游十几个国家逾 20 亿人口的生计。特别是以青藏高原为主体的冰冻圈是中低纬度冰冻圈最发育的地区，是我国重要的生态安全屏障和战略资源储备基地，对我国气候、气态、水文、灾害等具有广泛影响，又被称为"亚洲水塔"和"地球第三极"。

中国政府和中国科研机构一直以来高度重视冰冻圈的研究。早在 1961 年，中国科学院就成立了从事冰川学观测研究的国家级野外台站天山冰川观测试验站。1970 年开始，中国科学院组织开展了我国第一次冰川资源调查，编制了《中国冰川目录》，建立了中国冰川信息系统数据库。1973 年，中国科学院青藏高原第一次综合科学考察队成立，拉开了对青藏高原进行大规模综合科学考察的序幕。这是人类历史上第一次全面地、系统地对青藏高原的科学考察。2007 年 3 月，我国成立了冰冻圈科学国家重点实验室，是国际上第一个以冰冻圈科学命名的研究机构。2017 年 8 月，时隔四十余年，中国科学院启动了第二次青藏高原综合科学考察研究，习近平总书记专门致贺信勉励科学考察研究队。此后，中国科学院还启动了"第三极"国际大科学计划，支持全球科学家共同研究好、守护好世界上最后一方净土。

　　当前，冰冻圈研究主要沿着两条主线并行前进：一是深化对冰冻圈与气候系统之间相互作用的物理过程与反馈机制的理解，主要是评估和量化过去和未来气候变化对冰冻圈各分量的影响；二是以"冰冻圈科学"为核心，着力推动冰冻圈科学向体系化方向发展。以秦大河院士为首的中国科学家团队抓住了国际冰冻圈科学发展的大势，在冰冻圈科学体系化建设方面走在了国际前列，"冰冻圈科学丛书"的出版就是重要标志。这一丛书认真梳理了国内外科学发展趋势，系统总结了冰冻圈研究进展，综合分析了冰冻圈自身过程、机理及其与其他圈层相互作用关系，深入解析了冰冻圈科学内涵和外延，体系化构建了冰冻圈科学理论和方法。丛书以"冰冻圈变化—影响—适应"为主线，包括了自然和人文相关领域，内容涵盖冰冻圈物理、化学、地理、气候、水文、生物和微生物、环境、第四纪、工程、灾害、人文、地缘、遥感以及行星冰冻圈等相关学科领域，是目前世界上最全面系统的冰冻圈科学丛书。这一丛书的出版，不仅凝聚着中国冰冻圈人的智慧、心血和汗水，也标志着中国科学家已经将冰冻圈科学提升到学科体系化、理论系统化、知识教材化的新高度。在丛书即将付梓之际，我为中国科学家取得的这一系统性成果感到由衷的高兴！衷心期待以丛书出版为契机，推动冰冻圈研究持续深化、产出更多重要成果，为保护人类共同的家园——地球，做出更大贡献。

白春礼院士

中国科学院院长

"一带一路"国际科学组织联盟主席

2019 年 10 月于北京

# 丛书自序

　　虽然科研界之前已经有了一些调查和研究，但系统和有组织的对冰川、冻土、积雪等中国冰冻圈主要组成要素的调查和研究是从 20 世纪 50 年代国家大规模经济建设时期开始的。为满足国家经济社会发展建设的需求，1958 年中国科学院组织了祁连山现代冰川考察，初衷是向祁连山索要冰雪融水资源，满足河西走廊农业灌溉的要求。之后，青藏公路如何安全通过高原的多年冻土区，如何应对天山山区公路的冬春季节积雪、雪崩和吹雪造成的灾害，等等，一系列亟待解决的冰冻圈科技问题摆在了中国建设者的面前，给科技工作者提出了课题和任务。来自四面八方的年轻科学家齐聚在皋兰山下、黄河之畔的兰州，忘我地投身于研究，却发现大家对冰川、冻土、积雪组成的冰冷世界知之不多，认识不够。中国冰冻圈科学研究就是在这样的背景下，踏上了它六十余载的艰辛求索之路！

　　进入 20 世纪 70 年代末期，我国冰冻圈研究在观测试验、形成演化、分区分类、空间分布等方面取得显著进步，积累了大量科学数据，科学认知大大提高。20 世纪 80 年代以后，随着中国的改革开放，科学研究重新得到重视，冰川、冻土、积雪研究也驶入发展的快车道，针对冰冻圈组成要素形成演化的过程、机理研究，基于小流域的观测试验及理论等取得重要进展，研究区域上也从中国西部扩展到南极和北极地区，同时实验室建设、遥感技术应用等方法和手段也有了长足发展，中国的冰冻圈研究实现了国际接轨，研究工作进入了平稳、快速的发展阶段。

　　21 世纪以来，随着全球气候变暖进一步显现，冰冻圈研究受到科学界和社会的高度关注，同时，冰冻圈变化及其带来的一系列科技和经济社会问题也引起了人们广泛注意。在深化对冰冻圈自身机理、过程认识的同时，人们更加关注冰冻圈与气候系统其他圈层之间的相互作用及其效应。在研究冰冻圈与气候相互作用的同时，联系可持续发展，在冰冻圈变化与生物多样性、海洋、土地、淡水资源、极端事件、基础设施、大型工程、城市、文化旅游乃至地缘政治等关键问题上展开研究，拉开了建设冰冻圈科学学科体系的帷幕。

　　冰冻圈的概念是 20 世纪 70 年代提出的，科学家从气候系统的视角，认识到冰冻圈对全球变化的特殊作用。但真正将冰冻圈提升到国际科学视野始于 2000 年启动的世界气候研究计划-气候与冰冻圈核心计划（WCRP-CliC），该计划将冰川（含山地冰川、南极冰盖、格陵兰冰盖和其他小冰帽）、积雪、冻土（含多年冻土和季节冻土），以及海冰、

冰架、冰山、海底多年冻土和大气圈中冻结状的水体视为一个整体，即冰冻圈，首次将冰冻圈列为组成气候系统的五大圈层之一，展开系统研究。2007 年 7 月，在意大利佩鲁贾举行的第 24 届国际大地测量与地球物理学联合会（IUGG）上，原来在国际水文科学协会（IAHS）下设的国际雪冰科学委员会（ICSI）被提升为国际冰冻圈科学协会（IACS），升格为一级学科。这是 IUGG 成立八十多年来唯一的一次机构变化。"冰冻圈科学"（cryospheric science, CS）这一术语始见于国际计划。

在 IACS 成立之前，国际社会还在探讨冰冻圈科学未来方向之际，中国科学院于 2007 年 3 月在兰州成立了世界上第一个以"冰冻圈科学"命名的"冰冻圈科学国家重点实验室"，同年 7 月又启动了国家重点基础研究发展计划（973 计划）项目——"我国冰冻圈动态过程及其对气候、水文和生态的影响机理与适应对策"。中国命名"冰冻圈科学"研究实体比 IACS 早，在冰冻圈科学学科体系化方面也率先迈出了实质性步伐，又针对冰冻圈变化对气候、水文、生态和可持续发展等方面的影响及其适应展开研究，创新性地提出了冰冻圈科学的理论体系及学科构成。中国科学家不仅关注冰冻圈自身的变化，更关注这一变化产生的系列影响。2013 年启动的国家重点基础研究发展计划 A 类项目（超级 973）"冰冻圈变化及其影响"，进一步梳理国内外科学发展动态和趋势，明确了冰冻圈科学的核心脉络，即变化—影响—适应，构建了冰冻圈科学的整体框架——冰冻圈科学树。在同一时段里，中国科学家 2007 年开始构思，从 2010 年起先后组织了六十多位专家学者，召开 8 次研讨会，于 2012 年完成出版了《英汉冰冻圈科学词汇》，2014 年出版了《冰冻圈科学辞典》，匡正了冰冻圈科学的定义、内涵和科学术语，完成了冰冻圈科学奠基性工作。2014 年冰冻圈科学学科体系化建设进入到一个新阶段，2017 年出版的《冰冻圈科学概论》（其英文版将于 2020 年出版）中，进一步厘清了冰冻圈科学的概念、主导思想，学科主线。在此基础上，2018 年发表的 *Cryosphere Science: research framework and disciplinary system* 科学论文，对冰冻圈科学的概念、内涵和外延、研究框架、理论基础、学科组成及未来方向等以英文形式进行了系统阐述，中国科学家的思想正式走向国际。2018 年，由国家自然科学基金委员会和中国科学院学部联合资助的国家科学思想库——《中国学科发展战略·冰冻圈科学》出版发行，《中国冰冻圈全图》也在不久前交付出版印刷。此外，国家自然科学基金 2017 年重大项目"冰冻圈服务功能与区划"在冰冻圈人文研究方面也取得显著进展，顺利通过了中期评估。

一系列的工作说明，是中国科学家的深思熟虑和深入研究，在国际上率先建立了冰冻圈科学学科体系，中国在冰冻圈科学的理论、方法和体系化方面引领着这一新兴学科的发展。

围绕学科建设，2016 年我们正式启动了"冰冻圈科学丛书"（以下简称《丛书》）的编写。根据中国学者提出的冰冻圈科学学科体系，《丛书》包括《冰冻圈物理学》《冰冻圈化学》《冰冻圈地理学》《冰冻圈气候学》《冰冻圈水文学》《冰冻圈生物学》《冰冻圈微生物学》《冰冻圈环境学》《第四纪冰冻圈》《冰冻圈工程学》《冰冻圈灾害学》《冰冻圈人文学》《冰冻圈遥感学》《行星冰冻圈学》《冰冻圈地缘政治学》分卷，共计 15 册。内容涉及冰冻圈自身的物理、化学过程和分布、类型、形成演化（地理、第四纪），冰冻圈多圈层相互作用（气候、水文、生物、环境），冰冻圈变化适应与可持续发展（工程、灾害、人文和地缘）等冰冻圈相关领域，以及冰冻圈科学重要的方法学——冰冻圈遥感学，而行星冰冻圈学则是更前沿、面向未来的相关知识。《丛书》内容涵盖面之广、涉及知识面之宽、学科领域之新，均无前例可循，从学科建设的角度来看，也是开拓性、创新性的知识领域，一定有不少不足，甚至谬误，我们热切期待读者批评指正，以便修改、补充，不断深化和完善这一新兴学科。

这套《丛书》除具备学术特色，供相关专业人士阅读参考外，还兼顾普及冰冻圈科学知识的目的。冰冻圈在自然界独具特色，引人注目。山地冰川、南极冰盖、巨大的冰山和大片的海冰，吸引着爱好者的眼球。今天，全球变暖已是不争事实，冰冻圈在全球气候变化中的作用日渐突出，大众的参与无疑会促进科学的发展，迫切需要普及冰冻圈科学知识。希望《丛书》能起到"普及冰冻圈科学知识，提高全民科学素质"的作用。

《丛书》和各分册陆续付梓之际，冰冻圈科学学科建设从无到有、从基本概念到学科体系化建设、从初步认识到深刻理解，我作为策划者、领导者和作者，感慨万分！历时十三载，"十年磨一剑"的艰辛历历在目，如今瓜熟蒂落，喜悦之情油然而生。回忆过去共同奋斗的岁月，大家为学术问题热烈讨论、激烈辩论，为提高质量提出要求，严肃气氛中的幽默调侃，紧张工作中的科学精神，取得进展后的欢声笑语……，这一幕幕工作场景，充分体现了冰冻圈人的团结、智慧和能战斗、勇战斗、会战斗的精神风貌。我作为这支队伍里的一员，倍感自豪和骄傲！在此，对参与《丛书》编写的全体同事表示诚挚感谢，对取得的成果表示热烈祝贺！

在冰冻圈科学学科建设和系列书籍编写的过程中，得到许多科学家的鼓励、支持和指导。已故前辈施雅风院士勉励年轻学者大胆创新，砥砺前进；李吉均院士、程国栋院士鼓励大家大胆设想，小心求证，踏实前行；傅伯杰院士在多种场合给予指导和支持，并对冰冻圈服务提出了前瞻性的建议；陈骏院士和地学部常委们鼓励尽快完善冰冻圈科学理论，用英文发表出去；张人禾院士建议在高校开设课程，普及冰冻圈科学知识，并从大气、海洋、海冰等多圈层相互作用方面提出建议；孙鸿烈院士作为我国老一辈科学家，目睹和见证了中国从冰川、冻土、积雪研究发展到冰冻圈科学的整个历程。中国科学院院长白春礼院士也对冰冻圈科学给予了肯定和支持，等等。在此表示衷心感谢。

《丛书》从《冰冻圈物理学》依次到《冰冻圈地缘政治学》，每册各有两位主编，分别是任贾文和盛煜、康世昌和黄杰、刘时银和吴通华、秦大河和罗勇、丁永建和张世强、王根绪和张光涛、陈拓和张威、姚檀栋和王宁练、周尚哲和赵井东、吴青柏和李志军、温家洪和王世金、效存德和王晓明、李新和车涛、胡永云和杨军以及秦大河和杜德斌。我要特别感谢所有参加编写的专家，他们年富力强，都承担着科研、教学或生产任务，负担重、时间紧，不求报酬和好处，圆满完成了研讨和编写任务，体现了高尚的价值取向和科学精神，难能可贵，值得称道！

在《丛书》编写过程中，得到诸多兄弟单位的大力支持，宁夏沙坡头沙漠生态系统国家野外科学观测研究站、复旦大学大气科学研究院、云南大学国际河流与生态安全研究院、海南大学生态与环境学院、中国科学院东北地理与农业生态研究所、延边大学地理与海洋科学学院、华东师范大学城市与区域科学学院、中山大学大气科学学院等为《丛书》编写提供会议协助。秘书处为《丛书》出版做了大量工作，在此对先后参加秘书处工作的王文华、徐新武、王世金、王生霞、马丽娟、李传金、窦挺峰、俞杰、周蓝月表示衷心的感谢！

中国科学院院士

冰冻圈科学国家重点实验室学术委员会主任

2019 年 10 月于北京

前　言

　　冰冻圈科学是研究自然背景条件下，冰冻圈各要素形成、演化过程与内在机理，冰冻圈与气候系统其他圈层相互作用，以及冰冻圈变化的影响和适应的新兴交叉学科。随着冰冻圈科学概念的提出和学科体系不断完善，《冰冻圈科学概论》出版以后，编写与之配套的系列教学参考书的计划也付诸实施，《冰冻圈物理学》就是其中的一个分册。

　　冰冻圈物理学旨在研究冰冻圈各要素的物理性质和冰冻圈各要素形成与演化及其与其他圈层相互作用等诸多过程中的物理机制，为冰冻圈科学研究的各个方面提供基础理论支撑，因而是冰冻圈科学的主要分支学科。然而，尽管冰是冰冻圈的核心物质，但由于冰冻圈不同要素的物质组成和结构以及形成发育条件不同，他们的物理性质和各种物理过程存在明显差异，再加上过去对冰冻圈各要素的研究都是各自独立开展的，从而形成各要素物理学研究分支，甚或某一重要物理特征的分支，如冰川物理学、冰川动力学、冻土力学、冻土热学、积雪物理学、海冰物理学等。因此，编写涵盖冰冻圈各要素的冰冻圈物理学虽然有丰富的素材，却又有相当的难度。首先，冰冻圈各要素物理学研究成果极为丰富，在有限篇幅内很难将各种研究结果全部纳入，特别是对同一问题的研究尽管成果很多，但不一致性仍然存在。其次，对冰冻圈物理学范畴的界定不好把握，因为物理过程贯穿于冰冻圈的各个方面，如果将所有这些内容都纳入的话，就会太过宽泛，而如何选择其中某些内容是值得探讨的问题。还有很重要的一点，如果将冰冻圈各要素的物理学内容简单地堆砌在一起，则不能体现冰冻圈科学圈层概念的系统性，而要从圈层整体性去阐述，不同冰冻圈要素物理过程又有很大的差异。

　　经丛书编委会讨论，《冰冻圈物理学》力争从圈层角度去阐述冰冻圈各要素主要物理性质和物理过程的共性特征和普遍性原理，然后按陆地冰冻圈、海洋冰冻圈和大气冰冻圈主要要素指出其中的差异，将内容限定在纯净冰的基本物理性质、冰冻圈形成和变化过程中的能量-物质平衡、冰冻圈力学和动力学特征、冰冻圈水热过程等几个重要方面。作为教学参考书，重点介绍基本概念和经典理论原理，对重要问题给出共识性结论，避免陷入大量具体研究成果阐述，但需要指出存在的主要问题和研究趋势。

　　虽然本书内容涉及冰冻圈各个要素，但为了体现冰冻圈的圈层整体性和编写思路的连贯性，仅从参加了《冰冻圈科学概论》编写工作的人员中选择作者。于是，对作者们不够熟悉的某些内容，主要靠查阅相关研究文献，其中比较突出的是关于河冰和湖冰的研究。另外，大气冰冻圈目前在冰冻圈科学领域只对固态降水有所关注，但也仅限于对这些降水现象及其影响的关注，对其在大气中的形成过程和机理的探究仍然缺乏。因此，本书仅在冰冻圈形成过程章节中概念性地简略阐述了固态降水原理，其余章节都没有涉及大气冰冻圈。

本书编写组成员由任贾文、盛煜、李忠勤、车涛和李传金组成，具体分工为：第 1 章和第 2 章由任贾文负责；第 3 章由盛煜负责，李忠勤和任贾文参与编写；第 4 章和第 5 章由任贾文负责，盛煜和李忠勤参与编写；第 6 章由任贾文负责，全书由任贾文和盛煜统稿修订。车涛提供了积雪和河冰研究相关文献并参与书稿讨论，李传金负责联络和书稿编辑以及图件技术处理和公式编辑。

向为此书做出贡献的所有人员表示感谢，欢迎各方面的批评和指正！

作　者

2019 年 9 月 30 日

目 录

丛书总序

丛书自序

前言

第1章 绪论 ·· 1

1.1 冰冻圈物理学及其意义 ················· 1

   1.1.1 冰冻圈物理学 ····················· 1

   1.1.2 冰冻圈物理学的意义 ············· 2

   1.1.3 冰冻圈物理学的主要研究内容 ····· 2

1.2 冰冻圈物理学发展历史 ················· 4

   1.2.1 冰冻圈物理学研究梗概 ··········· 4

   1.2.2 冰冻圈物理研究现状 ············· 6

1.3 冰冻圈物理学发展趋势 ················· 8

思考题 ···································· 9

第2章 冰的物理性质 ·························· 10

2.1 冰的晶体结构 ························· 10

   2.1.1 冰的晶体结构基本特征 ··········· 10

   2.1.2 冰的晶体组构 ··················· 12

   2.1.3 冰的晶粒特征 ··················· 13

2.2 冰的力学性质 ························· 14

   2.2.1 冰的变形机理 ··················· 14

   2.2.2 冰的弹性和内摩擦力 ············· 15

2.2.3 冰的塑性变形和蠕变 ···················· 16

2.2.4 冰的蠕变规律 ···························· 17

2.2.5 冰的广义流动定律 ························ 18

2.2.6 冰的强度 ································· 20

2.2.7 含杂质冰的力学性质复杂性 ············· 20

2.3 冰的热学性质 ································· 21

2.3.1 冰的融点和相变潜热 ····················· 21

2.3.2 冰的比热 ································· 23

2.3.3 冰的热导率 ······························ 23

2.3.4 冰的热扩散率 ···························· 25

2.3.5 冰的其他热学性质 ······················· 26

2.4 冰的光学和电学性质 ··························· 28

2.4.1 冰的光学性质 ···························· 28

2.4.2 冰的电学性质 ···························· 30

思考题 ··· 32

第3章 冰冻圈形成和能量-物质平衡 ················· 33

3.1 冰冻圈的形成过程 ···························· 33

3.1.1 陆地冰冻圈的形成过程 ··················· 33

3.1.2 海洋冰冻圈的形成过程 ··················· 39

3.1.3 大气冰冻圈的形成过程 ··················· 41

3.2 冰冻圈能量平衡 ······························ 43

3.2.1 陆地冰冻圈能量平衡 ····················· 44

3.2.2 海洋冰冻圈能量平衡 ····················· 49

3.3 冰冻圈物质平衡 ······························ 52

3.3.1 陆地冰冻圈物质平衡 ····················· 53

3.3.2 海洋冰冻圈物质平衡 ····················· 56

思考题 ··· 58

第4章 冰冻圈力学性质和动力学特征 ················· 59

4.1 冰冻圈力学和动力学特征概述 ··················· 59

4.1.1 冰冻圈各要素力学性质的共性 ············· 59

4.1.2 冰冻圈不同要素力学性质的差异 ··········· 60

4.1.3 冰冻圈不同要素运动和动力学特征的差异 ··· 60

4.2 冰川和冰盖的运动和动力学 ····················· 61

　　　　4.2.1　冰川冰的力学性质和组构特征 ································· 61

　　　　4.2.2　冰川和冰盖运动 ·· 63

　　　　4.2.3　冰川和冰盖动力学模拟 ······································ 69

　　4.3　冻土力学特征 ·· 73

　　　　4.3.1　冻土的基本物质组成 ··· 73

　　　　4.3.2　冻土主要物理指标 ·· 74

　　　　4.3.3　冻土的力学特征 ·· 75

　　4.4　积雪力学特征 ·· 83

　　　　4.4.1　积雪主要力学参数 ·· 83

　　　　4.4.2　积雪稳定性与雪崩 ·· 86

　　　　4.4.3　风吹雪 ··· 88

　　4.5　河湖冰力学和动力学特征 ·· 90

　　　　4.5.1　河湖冰力学性质 ·· 90

　　　　4.5.2　河冰运动和动力学特征 ······································ 92

　　4.6　海冰力学和动力学特征 ·· 94

　　　　4.6.1　海冰力学性质 ·· 94

　　　　4.6.2　海冰动力学特征 ·· 96

　　4.7　冰架运动和动力学特征 ·· 98

　　　　4.7.1　冰架运动 ··· 98

　　　　4.7.2　冰架动力学特征 ·· 99

　　思考题 ··· 101

第5章　冰冻圈水热过程 ·· 102

　　5.1　冰冻圈内水热过程概述 ·· 102

　　　　5.1.1　冰冻圈内热量传递 ··· 102

　　　　5.1.2　冰冻圈内的水分迁移 ··· 105

　　5.2　冰川和冰盖内的水热过程 ·· 106

　　　　5.2.1　近表层热量传递和温度变化 ·································· 106

　　　　5.2.2　纵深层热量传递和温度特征 ·································· 109

　　　　5.2.3　冰川和冰盖内的融水作用 ···································· 112

　　5.3　冻土温度和水分迁移 ··· 114

　　　　5.3.1　冻土的主要热学参数 ··· 114

　　　　5.3.2　冻土中的热量传递和温度变化 ································ 115

　　　　5.3.3　冻土中的水分迁移 ··· 120

　　5.4　积雪温度变化和融水 ··· 125

5.4.1 雪的热学性质·······125

    5.4.2 积雪温度变化·······127

    5.4.3 积雪内融水迁移·······128

  5.5 河冰和湖冰热学特征·······129

    5.5.1 河冰的热学特征·······129

    5.5.2 湖冰的热学特征·······130

    5.5.3 河冰和湖冰的融水·······130

  5.6 海冰热学特征和融水·······131

    5.6.1 海冰的热学性质·······131

    5.6.2 海冰中的热量传递·······134

    5.6.3 海冰的融水·······135

  5.7 冰架的温度和融水·······136

    5.7.1 冰架的温度变化·······137

    5.7.2 冰架的融水·······138

  思考题·······138

第 6 章 冰冻圈物理研究方法·······139

  6.1 研究方法简述·······139

    6.1.1 观测、实验和模拟的特点·······139

    6.1.2 观测、实验和模拟的关联性·······140

  6.2 现场探测和监测·······141

    6.2.1 表面特征·······141

    6.2.2 热学特征参数·······142

    6.2.3 力学（和动力学）特征参数·······143

    6.2.4 能量平衡·······143

    6.2.5 物质平衡·······144

  6.3 实验室研究·······144

    6.3.1 样品测量·······144

    6.3.2 实验观测研究·······145

    6.3.3 实体模拟实验·······147

    6.3.4 相似性模拟实验·······147

  6.4 模式和模拟研究·······148

    6.4.1 模式研究·······148

    6.4.2 仿真模拟·······149

  思考题·······150

参考文献·······151

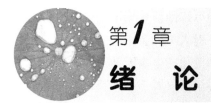

第1章

绪 论

1.1 冰冻圈物理学及其意义

1.1.1 冰冻圈物理学

按照冰冻圈科学的定义（秦大河等，2018），冰冻圈科学是研究自然背景条件下，冰冻圈各要素形成、演化过程与内在机理，冰冻圈与气候系统其他圈层相互作用，以及冰冻圈变化的影响和适应的新兴交叉学科。冰冻圈物理学旨在研究冰冻圈各要素的物理性质和冰冻圈各要素形成与演化及其与其他圈层相互作用等诸多过程中的物理机制，为冰冻圈科学研究的各个方面提供基础理论支撑，因而是冰冻圈科学的主要分支学科。

从形成和存在的空间范围上，冰冻圈组成可分为陆地冰冻圈、海洋冰冻圈和大气冰冻圈。其中陆地冰冻圈的要素种类比较多，包括冰川（含冰盖）、冻土、积雪、河冰和湖冰等；海洋冰冻圈包括海冰、冰架、冰山和海底冻土等；大气冰冻圈是指对流层和平流层中的固态水。所有这些冰冻圈要素因形成和发育的条件、物质组成、演化过程等存在差异，他们的物理性质和各种过程的物理机制有所不同，以前冰冻圈各要素的研究都是相对独立发展，从而形成各要素物理学研究分支甚或某一重要物理特征的分支，如冰川物理学、冰川动力学、冻土力学、冻土热学、积雪物理学、海冰物理学等。

随着冰冻圈科学的形成和发展，冰冻圈科学的目标是从圈层角度上整体性地认识冰冻圈，研究它和其他圈层的关系、对人类的影响和适应，需要把冰冻圈各要素的共性特征和相关内容进行归纳总结、综合分析、系统阐述。因此，如何从冰冻圈圈层整体上，或者从某一区域多个冰冻圈要素综合体系上，阐述或揭示冰冻圈的物理性质和各种过程的物理机制，是冰冻圈物理学的重点和发展要义，而不是对各个冰冻圈要素物理学的简单堆砌和拼合。

1.1.2 冰冻圈物理学的意义

冰冻圈的核心是水以固态形式存在，自然界中各种冰冻圈要素无论是形成和演化过程，还是与其他要素以及与其他圈层的相互作用过程，对人类社会影响的机理等，其中的关键就是固态水的形成和变化，而控制固态水形成和变化的根本无疑为各要素的物理性质和能量与物质交换的物理机制。因此，冰冻圈物理学不仅属于冰冻圈科学的基础研究，而且贯穿于冰冻圈科学研究的各个方面，只有对冰冻圈物理特征和各种过程的物理机制有足够深入的了解，才能对冰冻圈的其他各个方面深入理解。通过分析冰冻圈科学体系结构，可以更清晰地看出冰冻圈物理学在冰冻圈科学中的地位和作用。

在冰冻圈科学体系中(秦大河等，2018)，冰冻圈科学的研究内容被划分为基础研究、应用基础研究和应用研究三个层面，基础研究又分为机理和变化两部分。冰冻圈的机理研究包括对冰冻圈各要素的监测、水热/动力机制、历史演变过程和现代过程，实际上这些可归纳为冰冻圈各要素基本特征和物理机制两个方面，因为对冰冻圈各要素监测就是明确他们的基本特征（包括物理、化学、生物等特征以及分布和变化特征），水热/动力机制是冰冻圈形成和变化的主要机制，冰冻圈历史演化和现代过程也主要受制于水热/动力机制。由于物理特征是冰冻圈最主要的基本特征，水热/动力机制又是最主要的物理机制，冰冻圈变化重点关注的变化机理、规律和模拟也以水热/动力机制为核心，所以冰冻圈物理学是冰冻圈科学基础研究的最主要内容。

在冰冻圈科学应用基础研究中，主要是研究冰冻圈变化对水、生态、气候、地表环境和社会经济的影响，可概括为冰冻圈与其他圈层的相互作用。在这些研究中，关键的环节是建立定量描述冰冻圈与其他圈层相互作用的机理和过程的各种模式，而基于物理过程的模式则是基础。在冰冻圈变化的适应和为社会经济发展服务的应用研究中，冰冻圈变化和影响的物理机制和模型不仅是开展风险评估、灾害预警、适应方案和服务功能研究的基础，也是联系冰冻圈自然属性研究和冰冻圈人文社会学研究的纽带。

1.1.3 冰冻圈物理学的主要研究内容

虽然冰冻圈各要素的核心物质都是冰，其形成机理和物理特征具有共性特征，如温度都低于或至少处于冰点、必须有一定的水分来源、有相变发生时都伴随着潜热作用、冰体增加或减少过程都遵从物质和能量守恒定律等。但是，由于不同冰冻圈要素所处的气候条件、地理环境和物质组成等并不相同，他们之间的物理特征和相关过程也各不相同，即使同一种冰冻圈要素，也存在时空上的差异。因此，冰冻圈物理学可以分为冰物理学和各个冰冻圈要素的物理学研究。前者为理解冰冻圈的物理特性提供普适性的基础概念，后者对具有不同物质组成的冰冻圈各要素开展各种条件下物理过程的研究。

由于冰冻圈要素种类多,各要素的物理特征以及各种物理过程的研究内容极为丰富,涉及面很广,如何界定冰冻圈物理学的范围值得商榷。如果从广义出发,冰冻圈各种过程都有物理机制在其中起着关键作用,都可纳入冰冻圈物理学范畴。除了冰冻圈自身内在机理之外,冰冻圈与其他圈层相互作用,如与大气之间的能量交换和对大气冷暖变化的响应、冰冻圈水文中冰冻圈消融机理与过程、冰冻圈化学成分的储存和变化、冰冻圈的陆地地表过程、冰冻圈与海洋的物质和能量交换,等等,都以物理机制为基础支撑。因此,已有的冰冻圈单要素物理学内容涵盖很广。如 Cuffey 和 Paterson(2010)编著的《冰川物理学》,将冰川与气候、冰川水文、冰川化学以及气候环境记录等,都纳入其中。如果按照这样的考虑,将涉及物理过程的内容都纳入的话,冰冻圈物理学就会涵盖冰冻圈研究的各个方面,内容太过广泛。于是,这里我们从狭义角度出发,暂且将冰冻圈物理学研究内容限定在纯冰的物理性质、冰冻圈要素的最主要物理特征范围,具体大致包括以下五个方面。

1. 冰的物理性质

冰冻圈各要素都含有冰,对冰的物理性质研究是冰冻圈物理学的基本内容。冰的微观结构对冰的物理性质有直接影响,在冰的微观结构研究中,对冰的晶体结构精细研究,属于晶体学和凝聚态物理等学科领域;对冰的各种物理性质的研究内容也因研究目的所需要的精细程度而有所不同。冰冻圈科学针对的主要是自然界的冰在自然条件下的基本物理特性,对温度、压力等条件以及表征物理性质的参数的精确程度要求也较为宽松,因而只需要关注自然冰的一般晶体特征和了解冰的最主要物理性质,如力学、热学、光学和电学特性等。

2. 冰冻圈形成和发育过程以及能量-物质平衡

冰冻圈得以形成和存在的过程和机理是冰冻圈研究首先要关注的问题,只有明确了冰冻圈形成和发育过程,才能进一步研究冰冻圈的演化过程、与其他圈层相互作用,等等。地球冰冻圈无论在陆地上和海洋上,还是在大气圈中,都有广泛的分布并以不同形态发育,需要对这些冰冻圈要素的形成机理和过程的共性和各自的特点分别进行研究。另外,在冰冻圈形成和演化等各种过程中,物质来源及其增减变化无疑是最基本的前提,有了物质的供给冰冻圈才得以存在,而物质变化又受能量交换控制,因而能量-物质平衡研究是冰冻圈物理的重要研究内容。

3. 冰冻圈力学和运动及动力学特征

冰冻圈力学特征是冰冻圈最基本的物理特征之一。由于有些冰冻圈要素是处在运动状态,他们的运动及动力学过程是最主要的物理过程。因此,关于冰冻圈各要素的力学和运动及动力学特征的研究是冰冻圈物理学的核心内容。由于冰冻圈各要素物质组成、所处的条件和运动状态具有差异性,对他们的力学和运动及动力学特征研究内容非常广泛。如前面所述,单个冰冻圈要素的力学或动力学都可成为独立的分支学科。

4. 冰冻圈热学特征和水热耦合

冰冻圈热学特征也是冰冻圈物理的核心内容之一。冰冻圈最主要的特点之一是冰冻圈中的冰常常处在或接近相变温度,相变潜热和水分迁移影响着冰冻圈的各个方面。另外,温度变化对冰冻圈力学和运动及动力学过程有重要影响。所以,冰冻圈热学特征和水热耦合研究不仅极为重要,内容也非常丰富,与冰冻圈力学和运动及动力学一样,单个冰冻圈要素的热学与水热耦合研究也可成为独立分支学科。

5. 冰冻圈光学和电磁学特性及其应用

冰冻圈各要素的物理特性中,除了力学和热学最为重要外,光学和电磁学特性是冰冻圈探测技术研发和遥感应用所依赖的理论基础。因此,冰冻圈物理学必然将冰冻圈各要素的基本光学和电学性质作为重要的研究内容。冰冻圈各要素的其他物理特性,如声学特性,在目前冰冻圈研究中尚未被关注。但随着冰冻圈科学的发展,特别是冰冻圈探测技术和冰冻圈工程学的发展以及冰冻圈服务功能的开发,某些物理特性会有应用价值,从而进一步丰富冰冻圈物理学的研究内容。

1.2 冰冻圈物理学发展历史

1.2.1 冰冻圈物理学研究梗概

由于冰冻圈物理特征及其相关过程在冰冻圈科学中的基础作用和重要意义,冰冻圈物理学理所当然地在冰冻圈研究和冰冻圈科学发展中受到格外重视。在过去相当长时间内,冰冻圈各要素研究都是各自独立发展的,冰冻圈各要素物理学发展的历史也不尽相同。如果从冰物理学和冰冻圈各要素物理学两方面考虑,可概略简述如下。

1. 冰的基本物理性质

自古以来,人们对自然界广泛存在的冰并不陌生,尽管一直在探索冰的一些奇妙特性,但对其基本物理性质的认识长期停留在肉眼观察和表观感知上。近百年来,随着精密观察仪器的不断改进与实验技术的迅猛发展,现代科学推动着冰的特性研究在许多领域应用的需求增长(如冰冻圈科学、大气科学、地质和地球物理学、冰工程学、低温生物学等),冰的微观结构、冰的物理性质和化学性质(冰的化学性质往往又被包括在物理性质中)的研究得到快速发展。自从 20 世纪早期明确了自然界中的冰为六方晶体以后,引入了冶金学和材料力学等学科的研究方法,广泛开展对冰的物理性质和力学特性的实验研究，揭示出冰虽然作为固体具有刚体脆性，但在高温下（自然界的冰都较为接近融点）还有一定的弹性，其塑性特征却是最主要的，且变形基本属于蠕变范畴。明确了冰在应力作用下主要的变形部分可表述为幂函数蠕变规律，亦即 Glen 定律。与此同时，对冰的其他物理学性质的实验观测也大量开展，到 20 世纪 60～70 年代，对冰的各种物理性质已经有了大致了解，奠定了冰物理性质的基本概念（Hobbs,1974）。由于冰的物理性质受多种因素的影响，如温度、受力状况、杂质成分和含量以及冰的结构（组构特征、晶粒尺寸、密度、气泡等），而且如果是巨大冰体，这些诸多因素往往在空间上不均一，在时间上也有变化，因而对各种各样冰体物理性质的现场观测和实验研究一直在持续中，使冰的物理性质的基本概念不断完善，也丰富着各种类型冰的实验观测数据。

2. 冰冻圈主要要素物理特征研究

由于冰冻圈不同要素的主要物理过程不尽相同，对他们物理特征的研究重点也有差异。就冰川来说，冰体流动及其相关过程是最为核心的内容。因此，围绕冰体流动机理开展了大量研究，也经历了几个重要阶段。20 世纪中期以前，由于人们对于冰的微观结构和流变特性的认识不很清晰，关于冰川运动的机理长期处于各种假设和争论中。只有在确认了冰的晶体结构和冰的基本蠕变规律以后才对冰川和冰盖的流动机制有了一致的认识，形成了 Nye 冰体流动理论，亦即冰川运动最主要的机理是冰体在自重作用下的变形和当底部温度达到或接近融点时的滑动运动，其中冰体变形运动可用 Glen 定律描述。由于冰的真实变形规律为幂函数，在冰川运动模拟中数学处理非常困难，于是用理想塑性体或黏性流体假定近似描述冰体变形也比较普遍。其后，关于冰川底部滑动的理论以及冰川底床变形研究等也有了长足发展。冰川热力学也有较长研究历史，起初主要以温度场描述开展，后来则是伴随冰川动力学研究将其耦合到冰体动力学模拟研究中，冰川和冰盖表面能量平衡和物质平衡也由统计经验模式向物理模式、由单点向分布式模式发展（Cuffey and Paterson, 2010）。

冻土物理特征的重点是土壤冻融过程中水热输运的耦合机制和冻土力学特性。相比于冰川研究，冻土研究历史较短，主要是针对冻土区工程问题于 20 世纪中期才迅速发展起来。关于冻土水热过程较早是将温度场和水分迁移的定量描述分别进行研究。由于水分迁移和相变对温度起着决定性影响,温度及温度梯度又直接影响土壤水分迁移及相变，因此，水-热耦合作用成为冻土学研究的核心科学问题。冻土力学既是冻土物理学的关键内容之一，又是冻土学的一个重要分支，因其是处理冻土工程问题的基础，一直受到格外重视。由于冻土的物质组成极为复杂多样，正冻土和正融土中的水热过程也伴随着力学过程，从而引起土体的冻胀和融沉。因此，水-热-力三场耦合成为了冻土研究的本质问题。又因为土体中和水分中常含有盐分，盐分介入对水热力三场耦合作用机制具有极大影响，从而也影响着土体的冻胀和融沉，于是近年来水-热-力-盐四场耦合问题也应运而生，成为了解决冻结盐渍土工程的重要问题。

积雪物理特征研究常常与气象学和水文学联系在一起，因为积雪的存在改变了地表作为大气下垫面的特性，特别是雪面的高反照率对地表能量平衡有重要影响，而积雪融化又是地表水文过程的一个重要方面。积雪物理特征研究的重点是不同类型积雪变化过程中的各种物理特性定量描述，雪的粒雪化过程，在温度梯度作用下雪层内水汽迁移及再冻结，深霜及雪板的形成，雪的光学性质和积雪融化等。受监测手段制约，较早的研究以主要物理特性和变化特征的定性描述和分类居多，随着遥感应用及数值模拟的发展，能量和质量迁移模式不断优化。

海冰的物理特征研究历史也较短，可分为两个方面：一方面是关于大范围海冰（主要是北极海冰和南极海冰）的形成和演化过程的物理机制，重点描述相关的物理参数分布，为建立海冰模式和预测其变化服务。其中，北极海冰研究历史相对较长，但也基本在百年以内，这方面研究中热力学内容占的比重较大，主要基于能量平衡和物质平衡来开展。较早研究因受实地监测资料限制，对某个参数或某个分量的分散研究较多。20 世纪 90 年代初以来，随着遥感应用的发展，大范围多分量适时监测资料迅速丰富，对海冰各种物理参数和相关过程的系统研究发展很快。另一方面是针对海冰工程问题的物理特性研究，以冰力学为主要内容，实验和模拟研究较为突出。这方面研究因主要针对港口等具体问题，相对比较分散。

河冰的物理特征研究主要是针对河冰的形成和融化解体以及冰凌问题而开展，以冰的热力学和河流水力学的耦合为重点。相对来说，北美洲的研究历史较长，但也主要是 20 世纪中期以后才大力发展起来。相比于冰冻圈其他要素，河冰物理研究不仅历史较短，针对工程和灾害的研究特点比较突出。

到目前为止，湖冰的研究很少，特别是国内的研究极为缺乏，只有极少湖泊很零星的湖冰形成和消亡监测。不过相对于其他冰冻圈要素，湖冰的形成和融化较为简单，可参考河冰，特别是水库冰的研究结果。

1.2.2 冰冻圈物理研究现状

1. 冰冻圈物理参数的监测和实验技术发展

冰冻圈物理研究中，冰冻圈各要素的基本物理性质是最为基础的内容。关于纯净冰的物理性质基本上都有明确的概念，但冰冻圈要素中绝大部分都不是纯净冰，而且内部因素（杂质、温度、受力、未冻水以及微观和宏观构造等）和外部环境（气候条件、地形因素等）具有空间异质性，并且大多数参数都随时间发生变化，要获得各种物理参数的时空分布，既要进行广泛的表面观测和内部探测，还要采集或人工制作各类型代表性样品进行实验观测。

20 世纪后期以前，对冰冻圈各要素物理参数的获取主要依赖现场人工观测。由于冰冻圈区域一般比较偏远，加之气候严酷，人工现场观测受到很大限制，过去很长时期内所获观测数据极为有限，即使加上实验观测研究，也只是对各类冰冻圈要素的最基本物理参数大致了解，远远不能满足冰冻圈物理机制和相关过程的定量描述。20 世纪 90 年代初以来遥感应用的快速发展，为大范围实时监测冰冻圈各要素重要物理参数提供了可能。但是，目前这些遥感监测面临三个需要解决的关键问题：一是遥感资料的空间分辨率还不能满足某些监测需求；二是遥感资料必须经过地面验证，目前的遥感资料很丰富，但地面验证非常有限；三是遥感监测获得的资料主要集中在冰冻圈的表面特征，如何更多地获取冰冻圈内部物理参数的分布和变化是更大的难题。除遥感监测外，冰冻圈现场观测的自动化和数据无线传输非常薄弱。

实验室观测和模拟历来是获取冰冻圈物理参数和揭示冰冻圈物理机制的主要途径之一，纯净冰以及冰冻圈各要素物理参数的经典参考值和冰冻圈主要物理机制的基本概念都是通过实验室研究再结合现场观测而获得的。现状是在主要物理概念已基本明确的情况下，如何使实验研究进一步发展。因为在获得基本参数参考值和物理机制基本概念时都是人为给定各种条件（确定的样品和水、热、力等），来考察某一条件变化情况下物理现象或参数的变化。冰冻圈要素的物质组成和环境条件非常复杂，而且处在不断变化中，进一步加强实验研究是非常必要的。

2. 冰冻圈物理过程模拟研究

冰冻圈物理研究的主要目标或者说最主要出口，就是要对冰冻圈物理过程进行定量描述，以便建立基于物理机制的数学模型，为冰冻圈变化预测和冰冻圈与其他圈层相互作用提供基础支撑。过去的研究更多的是通过对表面物理参数的获取和分析，对冰冻圈内部物理过程进行定性描述或建立概念性模型，其原因主要是对冰冻圈内部物理参数时空分布的定量化欠缺和计算能力有限。进入 21 世纪以来，随着冰冻圈监测方法和计算机技术的迅猛发展，基于冰冻圈各要素物理过程的各种模式也迎来大发展，如对冰川（包括冰盖和冰架)动力模拟和能量-物质平衡模拟、冻土陆面过程模拟和水热力盐耦合模拟、海冰演化模拟和积雪变化模拟等，都在着力减小定量化误差方面有了长足进展。目前的主要问题还是如何才能更精细地描述各个物理参数，同时对内部和边界上的各个物理过程建立能够耦合起来的模块，提高模拟结果的可靠性。

3. 冰冻圈多要素物理过程的综合研究

如前文所述，过去更多的是对各个冰冻圈要素的独立研究，随着冰冻圈科学体系的建立和发展，对冰冻圈整体性的研究更为迫切。进入 21 世纪以来，在某些区域或台站已开始有一些冰冻圈多要素的综合研究，其中包括了物理过程的研究，如冻土和积雪综合影响下的陆面冻融过程、冰川和积雪消融过程对水文的影响，等等。但总体上来说，冰冻圈多要素物理过程综合研究处于起步阶段，面临的主要问题是无论现场观测和遥感监测还是对各个物理过程的模拟，不同冰冻圈要素之间存在很大差异，以至于尚不能将各个冰冻圈要素物理过程很好地耦合在一起，从而限制了冰冻圈与其他圈层相互作用研究的定量化。

1.3　冰冻圈物理学发展趋势

国际上目前冰冻圈物理学研究的发展趋势主要表现在三个方面：一是冰冻圈主要物理过程的精细化研究；二是冰冻圈要素多种物理过程的耦合模拟和基于物理模型的区域尺度未来变化预估；三是多个冰冻圈要素的综合研究。

在冰冻圈主要物理过程的精细化研究方面，主要是对关键机理和过程进行精细刻画，如冰冻圈不同要素的动力学、热力学和水分迁移机理，不仅定量化要进一步提高，更要达到对动态过程的精细描述。因此，对某个物理参数既要求能够给出空间分布，还要求给出随时间的变化，亦即分布式时间序列。同时要将研究从定点扩展到区域上，因为定点精细研究固然重要，但空间大尺度研究则更能满足冰冻圈变化预估重大需求。

目前对冰冻圈各个要素的主要物理过程都有大量的研究成果，而且大多都已建立了很好的模型，但冰冻圈研究最关注的是这些冰冻圈要素的时空变化和产生的影响。因此，对这些冰冻圈要素的多种物理过程进行耦合研究，如热力-动力-水分迁移的耦合，建立区域尺度各个冰冻圈要素变化的预测或预估模型，比单点或者小区域的研究更为迫切。例如，某一区域内冰川储量究竟变化多少对区域水资源利用、生态环境影响等显然比单条冰川变化要重要得多。

在许多冰冻圈作用区，冰冻圈要素往往并不是单一的，冰冻圈对地表能量平衡、水文水资源和生态环境等方面的影响是冰冻圈多个要素综合作用的结果。所以，对冰冻圈多要素进行综合研究的重要性显而易见。冰冻圈多要素综合研究又包括多个方面：对某一物理过程研究时需要同时考虑多个冰冻圈要素，如研究某一高山区或高原区地表反照率变化对能量平衡影响时需要将冰川、冻土和积雪的反照率变化综合起来；对某一个冰冻圈要素的变化研究涉及其他冰冻圈要素的影响，如研究冰架变化时需要考虑冰盖和海冰与冰架之间的相互作用；对冰冻圈与其他某一圈层的相互作用研究，需要将研究区各个冰冻圈要素都综合在一起，如研究某一区域冰冻圈对水文水资源的影响时，需要研究各个冰冻圈要素的融化和产流过程以及他们的相互影响和综合效应。

总之，冰冻圈科学是一门新兴的交叉性很强的学科，冰冻圈物理学作为其中的重要组成部分，既有很好的基础，又非常新颖。基础好是因为冰冻圈某些要素的研究已经有很长的发展历史，其物理学研究的基础比较厚实。然而，由于过去的研究基本都是各个冰冻圈要素独立开展，研究的历史和深入程度存在差异，要将冰冻圈各要素物理学研究综合归纳到一个体系，形成冰冻圈物理学，以适应冰冻圈科学的发展，非常新颖，无疑要经历从起步到逐步完善的过程。

思 考 题

1. 冰冻圈物理学的范畴如何界定？
2. 你认为冰冻圈物理学应如何发展？

第2章

冰的物理性质

冰是冰冻圈的基本物质，对冰的微观结构和物理性质的了解是认识冰冻圈各种物理过程的基础。冰的微观结构和物理性质内容很广，对冰冻圈物理研究来说，主要是在对冰的结构特征和力学、热学性质有足够了解的基础上，对冰冻圈的物理过程进行深入研究和定量刻画。关于冰的晶体特征更多是属于结晶学和凝聚态物理学等研究范围，冰的光学和电学性质是冰冻圈遥感和现场探测技术的主要理论依据，其他性质如声学性质等目前在冰冻圈科学研究中尚未涉及。因此，本章重点对自然冰的晶体结构基本特征和力学、热学性质予以阐述，同时对冰的光学和电学特性给予简略介绍。

2.1 冰的晶体结构

对冰的晶体结构这里主要简略介绍三个方面：自然冰的晶体结构基本特征，即自然条件下形成的冰的晶体构架和几何形态；冰的晶体组构特征，即冰晶体光轴取向及其重要意义；冰的晶粒特征，即冰晶粒的形态、尺寸及其变化。

2.1.1 冰的晶体结构基本特征

冰是水的固态形式，为无色透明的晶体。地球上自然形成的冰在陆地表面、海洋和其他水体中、地表以下和大气中都广泛存在，如冰川（包括冰盖和冰架）、海冰、湖冰、河冰、地下冰（包括冻土）、雪和霜（颗粒状冰的松散体）、大气层中的冰晶，等等。在不同的压力、温度等条件下可以形成不同结构的冰晶体。目前为止在实验室人为制造的冰已经有近 10 种晶体结构（有文献报道超过 10 种，但多数文献为 9 种），但离开实验条件都不能稳定存在。在地球上自然形成的冰通常为六方晶体结构，在冰结晶学上被标记为 I_h。

单个水分子可粗略地看作为一个氧原子核构成的球体，周围环绕着它自身的电子和通过化学键联系的两个氢原子所提供的电子。这些电子提供 4 个负电荷中心，其中 2 个之上带有氢核（质子），多于平衡负电荷所需之量。其最终结果大体是，以氧原子核为中心的规则的四面体的顶角上分别为 2 个正电中心和 2 个负电中心所占据。1 个水分子的正电荷与相邻 1 个分子的负电荷邻接。因此，每个分子有 4 个最邻近的相邻分子，其几何排列与硅的相似。于是，冰 I_h 的晶格为 1 个带顶锥的三棱柱体，6 个角上的氧原子分别为相邻 6 个晶胞所共有。3 个棱上氧原子各为 3 个相邻晶胞所共有，2 个轴顶氧原子各为 2 个晶胞所共有，只有中央一个氧原子算是该晶胞所独有。冰晶体的这个四面体是通过氢键形成的，是 1 个敞开式的松弛结构，因为 5 个水分子不能把全部四面体的体积占完，是氢键把这些四面体联系起来，成为一个整体。图 2.1 展示了冰晶体中单个水分子与周围水分子的连接状况，图 2.2 所示为三维空间冰晶体的晶格点阵和六边形结构。

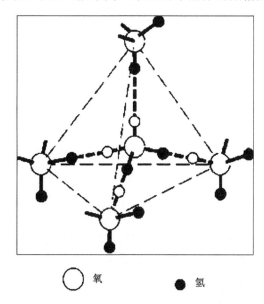

○ 氧　　　　● 氢

图 2.1　冰晶体的晶格结构（秦善，2011）

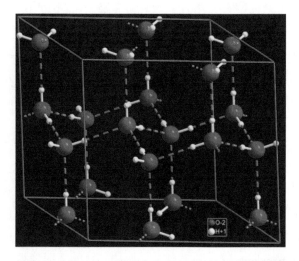

图 2.2 三维空间冰晶体的晶格点阵和六边形结构（引自：Wikipedia）

灰色短画线表示氢键

冰晶体的这种通过氢键形成的定向有序排列，空间利用率较小，因此冰的密度比液态水的密度小。液态水在接近 4℃（较精确的值为 3.98℃）时密度最大，在 4℃ 以上遵守一般热胀冷缩规律。4℃ 以下，原来水中呈线形分布的缩合分子中，出现一种像冰晶结构一样的似冰缔合分子，叫作"假冰晶体"。因为冰的密度比水小，"假冰晶体"的存在，降低了水的密度，约接近冻结温度，"假冰晶体"越多，密度越小。由水冻结的冰在 0℃ 时的密度为 917kg/m^3，4℃ 水的密度为 1000kg/m^3，在 0℃ 时为 999.87kg/m^3。

　　在高压等实验条件下形成的冰可能具有的晶体结构，有些有序，有些无序，而有些两者兼有，它们的密度都大于冰 I_h 的密度。在压力很大条件下，某些结构的冰晶体形成的温度在 0℃ 以上。

2.1.2　冰的晶体组构

　　冰 I_h 的单个晶体有四个晶轴，其中 3 个互成 120°，相交于同一个平面，该平面被称为基面，亦即六边形的那个面，另一个垂直于这个平面，称为主轴，也叫光轴或 c 轴，因为沿主轴方向光线不发生折射。单晶冰只有一个固定的 c 轴方位，多晶冰或者有多个优势 c 轴方位，或者 c 轴方位非常杂乱无章。冰晶体的 c 轴方位排列形式被称为冰的晶体组构。由于单晶冰的 c 轴方位和多晶冰的 c 轴方位排列形式对冰的多种物理性质都有影响，明确冰的晶体组构非常重要。

　　自然条件下最初形成的冰体主要为多晶冰，即由 c 轴取向各不相同的众多晶粒组成的冰体。但如果处在应力作用状态下，其 c 轴取向会发生变化。通过冰样的室内力学实验和冰川（包括冰盖）的应力状态分析可以对各种冰组构进行解释。一般认为，单轴压缩情况下易于形成环状 c 轴组构，而剪切应力占优势时冰晶组构主要为单极大型，这两种组构在冰川和冰盖上最为常见。还有多极大型和竖条带状组构，前者出现在复杂应力状态下，并可能还有再结晶作用；后者被认为受单轴拉伸作用突出，而且没有再结晶作用。

　　冰的晶体组构对冰的光学、电学和热学等特性也有影响。因为具有定向 c 轴方位的冰在 c 轴方向以外的其他方向上都会产生光的折射，其电学特性（介电和导电性能）和热学特性也在不同方向上有差异，所以这样的冰体的各种物理特性都呈现出各向异性。但是，如果一块多晶冰的 c 轴方位是任意分布在各个方向上，则各个方向上的物理性质就几乎相同，那么它就近似为各向同性。

　　利用沿 c 轴方向光线不发生折射的特性，可通过偏振光束对一块冰内众多晶体的方位逐个进行测定，从而获得这块冰的晶体方位分布图。平行于 c 轴入射的光线，其传播不发生变化，而任何其他方向入射的光线，都要分裂为两束光线，且这两束光线穿过冰晶体时的速度不同，即表现为双折射性质。如果将一冰晶体置于两正交偏光镜之间，冰晶体的 c 轴与光的传播方向一致，则来自第一块偏光镜的平面偏振光束透过冰晶体时不发生变化，但由于第二块偏光镜的偏振面与第一块偏光镜的偏振面垂直，该光束却不能透过，冰晶体呈现黑色。此时，晶粒的 c 轴与透射光的方向平行，这样就可以将该晶粒的 c 轴取向确定下来。

2.1.3 冰的晶粒特征

冰晶粒是肉眼可见冰的最小单元，不同冰冻圈要素中冰晶粒形状和尺寸并不相同。这里重点对大气中冰晶粒形成和降落过程中的变化以及在地表沉积后的变化予以阐述，对冰冻圈各要素中冰晶粒的基本形态特征和变化给予综合简述。

冰晶体的最小单元是晶格点阵为六方棱柱状的晶胞，而自然界中以单个体独立存在的冰晶体通常都是多个晶胞的聚合体，被称为冰晶颗粒，简称晶粒（关于晶粒在结晶学上有更严格的定义，这里只是取晶粒的泛指定义）。在饱和水汽中最初形成的晶粒因温度、压力等因素影响，其体积和形状会不断发生变化。最初云层中过冷水滴冻结形成的冰晶在下落过程中因水汽在表面凝结而使体积增长，晶粒相互碰触则会合并或破碎，但合并比破碎要多。

从大气中降落到地面的冰晶粒通常被称为雪花。雪花在地面上会在自动圆化作用下向颗粒状变化。根据热动力学原理，一个系统的自由能越小该系统就越稳定，而表面积的减小可以减小系统的自由能。由于球体的表面积最小，因而各种形状的雪花会自动逐渐向圆球形颗粒变化，被称为自动圆化。因此，无论冰川、海冰、河冰、湖冰表面的雪层，还是陆地表面积雪，每个冰晶粒（亦称雪粒或雪颗粒）与沙粒相似。除了自动圆化作用外，还有烧结、晶粒之间相互挤压、融水浸润和再冻结等作用，雪颗粒及变质成冰以后仍可分辨的晶粒多呈不规则形状。

海洋、湖泊和河流等水体中由水冻结形成的冰，其晶粒形态大多为颗粒状和柱状（比较细的柱状冰晶又可称为针状冰晶）。一般来说，水体中最初形成的冰晶体多为柱状冰晶。但静态水中形成的冰体柱状冰晶较为明显，非静态水冻结的冰较多的则呈现为颗粒状冰晶，其原因在于最初形成的柱状冰晶在未聚集连接成冰块之前因随水流运动而相互碰撞，大多都逐渐变为颗粒状。

关于冰晶粒尺寸的研究通常都是和冰晶组构一起开展的。一般来说，冰的晶粒尺寸随时间会不断增大，被称为晶粒生长或晶粒长大，但在受力情况下，晶粒尺寸变化具有复杂性。在应变过程中，冰体除了会出现晶粒长大外，还会出现多边形化和再结晶作用。晶粒长大的驱动因素主要是各晶粒的晶界弯曲程度和各晶粒储存的应变能有所差异而引起晶界迁移，使得小晶粒越来越小，大晶粒越来越大，小晶粒被大晶粒吞噬。多边形化则是晶粒因为局部应力和变形差别较大时逐渐被分割形成新晶粒，并和老晶粒共存，晶粒尺寸减小。晶粒长大和多边形化都不会使冰体中原来 c 轴取向明显改变。再结晶作用则会改变晶粒 c 轴取向，后面在冰的变形机理内容中将进一步阐述再结晶作用。另外，冰形成时和变化过程中的温度因素很重要：温度越低，形成的冰晶粒尺寸越小；在较低温度下晶粒尺寸增大也较缓慢。因此，对冰川等冰体中不同层位冰晶尺寸的观测和分析，并结合晶体组构的研究，能够获得最初冰体形成及以后的变化中温度和受力条件等方面的一些重要信息。

2.2　冰的力学性质

一种物质或者材料的力学性质包含很多内容。对冰冻圈科学研究来说，最为重要的是冰冻圈各要素在自然受力和人为加载下会发生什么变化。因此，本节重点阐述冰的变形和抗断裂特性，主要内容包括冰的变形机理、冰的弹性和内摩擦力、塑性变形特征、流动规律和冰的强度。

2.2.1　冰的变形机理

冰有单晶冰和多晶冰之分，因而对冰的变形机理也针对单晶冰和多晶冰分别开展实验研究。单晶冰在施加一应力之后，最初产生很小量的弹性变形，然后便开始塑性变形（蠕变），并且只要应力不撤除，变形就一直持续下去。实验观测表明，单晶冰的变形最主要的机理是沿基面产生滑移。由于单晶冰的晶体排列犹如一副纸牌一样，晶体沿基面的滑移就像各张纸牌间的滑移。所以，相比于晶体 c 轴取向杂乱的多晶冰来说，单晶冰更容易产生沿基面的滑移。

虽然沿基面滑动是最主要的，但并不是唯一的变形机制。许多实验观测到，c 轴取向不利于沿基面滑动时，冰晶体仍然能够变形，只不过产生变形所需要的应力要比产生沿基面滑动所需要的应力大得多，而且应力-应变曲线随着受力方向的不同而有所不同。当晶体 c 轴取向有利于沿基面滑动时，应变率随时间有增大趋势，冰晶体似乎被软化。而当晶体 c 轴取向不利于沿基面滑动时，则应变率有减小趋势，冰晶体被硬化。

通过 X 射线衍射观测对冰晶体沿基面滑移的机理进行研究的结果表明，冰的这种变形和金属的变形一样，可以用晶体内的位错（dislocation）来理解。位错是晶体结构中的缺陷，系原子的局部不规则排列所致，这种缺陷导致诸原子面的相互滑移比在完整结构晶体中的相互滑移要容易得多，可解释为何在低应力下会产生变形而使冰体出现软化现象。但是，一个位错可以阻塞另一个位错，位错的堆积又会使冰硬化。因此，冰的变形机理和过程是很复杂的。

多晶冰在受力后，除沿基面的位错滑移外，还伴随着其他变形，如晶界滑动、扩散型蠕变等。在低应变率和相对高温下大部分天然冰的变形中都有晶界滑动和扩散型蠕变发生。如果晶粒尺寸足够小，扩散型蠕变可以成为主要的过程。所谓扩散型蠕变是指在温度很高或位错数目很少，位错能动性很差的情况下，应力梯度引起的空位扩散流成为主要的蠕变。

在温度较高情况下，再结晶作用是比较重要的，因为再结晶作用会改变原来的晶体组构，从而影响冰的变形。英文"recrystallization"，可译为"重结晶"，又可译为"再结晶"。在化学上多用"重结晶"，是指将晶体物质加热融化以后又使其冷却重新冻结的过程，常被用来清除晶体中的杂质，因为融化过程中晶界界面处的杂质会首先脱落；金属学上多用"再结晶"，是指将材料退火过程中，新晶粒产生而使晶体结构发生变化的现象；地质学上则不够统一，但似乎用"重结晶"多一些，是指在压力和温度变化下晶体矿物发生熔化后又重新结晶或虽未熔化但晶体结构发生变化的变质过程。在冰物理学中，将不发生融化而有新晶粒产生的过程称为"再结晶"，将融化再冻结过程成为"重结晶"。冰在不均匀受力后还会出现一种有意思的现象，称为"复冰作用"（regelation），是指在应力很集中的部位产生很微弱融化，当应力减小后迅即重新冻结，这种融化–再冻结过程微弱到肉眼很难观察到。对这种过程很典型的实验例子是用一根导热性很好的细金属线施力后让其切割冰块，而当切割完成后冰块仍然是一个完整体。实验和观测表明，冰在温度高于–10℃时再结晶较易发生。再结晶作用出现的新晶粒开始就同相邻者呈大的夹角。典型新晶粒萌发于已有晶粒或亚晶粒的晶界，晶界两边储存的应变能有差异。新晶粒相对地无应变，通过晶界移动吞噬老晶粒。新晶粒在变形和旋转过程中也积聚应变能，最后被更新的晶粒所吞噬。这样，再结晶作用总的趋势是以新的晶粒群来取代现有的晶粒群，并改变原始晶体组构，新晶粒群的 c 轴取向依据应力状态趋于一个大致固定的态势，从而使冰的变形量与原结构下的变形量有所不同。

2.2.2　冰的弹性和内摩擦力

弹性变形和塑性变形是连续介质在应力作用下发生变形的两个主要过程。研究表明，冰在受力后的弹性变形非常短暂，绝大部分变形属于塑性变形。尽管如此，明确冰的弹性对全面理解冰的力学特征仍有重要意义。

弹性研究中，一般都假定研究对象为各向同性材料，这对冰来说只能是近似假设，尽管许多情况下冰的各向异性是存在的。在弹性变形情况下，应变和应力之间的关系遵从胡克定律，即应变与应力成正比例线性关系。这种线性关系中的比例系数有多种表述，其中最基本的为弹性模量，又称杨氏模量。此外，还有刚度模量、泊松比、体积模量等，都是对材料抵抗弹性变形能力的表述，被称为弹性特征参数。关于冰的弹性实验研究表明，不同研究者得出的弹性特征参数并不相同，主要是测试技术和试验条件（如温度）等的差异所致。据一些实验研究结果的汇总（Hobbs,1974），纯冰的杨氏模量、刚度模量（或剪切模量）、泊松比、体积模量分别大致为 $8.3 \times 10^7 \sim 9.9 \times 10^7$ hPa，$3.4 \times 10^7 \sim 3.8 \times 10^7$ hPa、9.3×10^7 和 $8.7 \times 10^7 \sim 11.3 \times 10^7$ hPa。其中，杨氏模量是最基本的特征参数，刚度模量和体积模量既可由实验得出，也可依据杨氏模量推导计算得出。

虽然冰晶体在短暂的小应力作用下不会长久变形，但如果应变和应力出现位相不同步，则冰的内能会有明显损失，起因就在于冰晶的内摩擦力所致，也被称为机械松弛特征，与介电松弛类似。试验表明，冰的这种因内摩擦导致的活动能损失大小与晶体结构、晶粒边界特征及冰内所含杂质有关。特别是杂质含量及其微小的差异都会使试验结果又很大不同。由于冰具有一定的流变特性，如果将冰看作流体来研究其流动规律时，反映冰的内摩擦力的参数就是动力黏性系数或黏度。

2.2.3 冰的塑性变形和蠕变

冰的力学特性非常复杂，虽然是固体，但在高温、小荷载、小应变和低应变率下韧性比较突出，呈现出一定的流体特性。不过，它又不属于完全流体，其变形很大程度上为塑性变形。由于即使在应力低于弹性应力极限下也产生一定的不可恢复变形，冰的变形又被称为蠕变。冰的塑性变形或蠕变是冰的最基本力学特性，尤其在冰川运动和动力学中是最为主要的。对多晶冰的大量实验研究表明，冰在应力作用下，应变与应力之间随时间在不同阶段具有不同的关系。

（1）弹性应变，在应力作用最初瞬时出现，也叫瞬时弹性应变，非常短暂。

（2）滞弹性应变，在应力卸载后其变形基本上可以逐渐慢慢得以恢复，但又表现出具有一定的蠕变率，因而又叫第一蠕变，瞬时蠕变，可恢复蠕变或伪弹性应变。

（3）第二蠕变应变，应力作用一适当长时间后，冰的蠕变变形增加量随时间越来越小，亦即应变率不断减小，并趋于一恒定的最小值，亦即常应变率阶段，称为第二蠕变。

（4）第三蠕变应变，经过了最小应变率后，又进入应变率不断增加阶段，被称为第三蠕变。如果实验持续时间足够长，第三蠕变后期应变率会达到一个恒定不变值。

但是，在不同应力条件下三个蠕变过程有所不同（图2.3）：在小应力（小于10kPa）作用下，应变率持续减小的过程非常长，要保持实验条件长时间（几个月或更长）严格

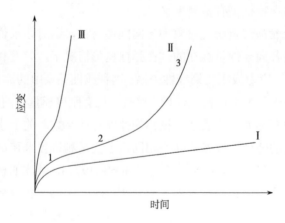

图2.3　冰在小应力（Ⅰ）、中等应力（Ⅱ）和大应力（Ⅲ）作用下的应变示意图
1、2和3分别表示第一、第二和第三蠕变阶段。

不变以达到观测第三蠕变出现的目的比较困难；在大应力（大于 500kPa）作用下各个蠕变阶段出现都非常快，不光是第一蠕变，第二蠕变阶段也很短暂，第三蠕变很快到来，而且应变率增加速率也很大，不易观测到细微过程。在中等应力（100kPa 左右）作用下，第二蠕变以及到达第三蠕变比较显著，并占据了变形过程的大部分时段。因此，目前为止对冰的变形研究大多是在中等应力作用下的实验观测，于是对第二蠕变和第三蠕变阶段的研究结果较多。实际上，自然界中的各种冰体大多处于中等应力作用范畴，重点对第二蠕变和第三蠕变进行研究也是理所应当的。

自然界中的块体冰绝大多数是多晶冰，但在受力后组构会不断发生变化，不同的组构形式有利于不同的变形机制。总体来说，多晶冰变形要比单晶冰变形缓慢得多，这是因为多晶冰中大多数晶体基面与所受应力方向不一致。例如，没有优势 c 轴取向的多晶冰在剪切应力作用下，第二蠕变阶段的应变率仅为单晶冰在剪切作用下沿基面滑动时应变率的百分之几。第三蠕变阶段应变率明显增大被认为是由再结晶作用产生的新晶粒的 c 轴取向有利于沿基面的滑移，而且位错的增多和微裂纹形成也有使应变率增大的效应。但是，再结晶作用并不是只在第三蠕变阶段出现，在第二蠕变阶段再结晶作用就已经开始了。在第二蠕变阶段出现常应力是部分晶粒软化和部分晶粒硬化达到平衡的结果。另外，晶粒尺寸也对变形有影响，一般来说小晶粒比大晶粒更易于产生变形。

2.2.4 冰的蠕变规律

冰的应变与应力之间关系的模式是冰体动力学的核心，也称为本构方程。由于冰的变形中绝大部分为蠕变变形，变形量随时间在变化，在讨论变形与应力关系时，采用的是应变率而不是应变，其实验研究常被称作冰的蠕变实验，所获得的应变率与应力之间的关系被称作蠕变规律。

冰的应变率与应力之间的关系非常复杂，综合各种实验结果，大致可拟合为幂函数形式。如果取直角坐标系，在 xy 平面的剪切应变率 $\dot{\varepsilon}_{xy}$ 与剪切应力 τ_{xy} 之间的关系可表示为

$$\dot{\varepsilon}_{xy} = A\tau_{xy}{}^{n} \tag{2.1}$$

式中，n 为常数；A 为依赖于温度和冰晶组构、晶粒尺寸以及杂质含量等因素的一个因子。该公式被称为冰的 Glen 定律，源于 J.W.Glen 早期实验研究对冰蠕变规律的揭示。

关于 A 和 n 值有大量实验研究，普遍认为，对同样的冰来说，A 值与温度关系最为密切，n 值与应力状态关系密切，而且不是整数。但是对不同的冰样或在不同的温度和应力条件下，A 和 n 值都会不同。实验表明，当应力很大（比如超过 500kPa）时 n 值随应力增加而增大。在应力小于 100kPa 情况下，多数实验结果得出的 n 值为 1.5～4.2，其平均值接近于 3。因此，在冰川学研究中为了数学上便于处理常近似地取 n 值为 3，其理由是在冰川和冰盖上观测到的应力通常都不超过 100kPa。对于其他冰体，需要针对具体问题开展实验研究来确定 n 值。特别是针对与工程相关的问题，有时需要开展大应力实验。

对同样的冰样（即晶体组构、晶粒尺寸和杂质等不变），A 值与温度的关系可由阿伦尼乌斯（Arrhenius）方程所确定：

$$A = A_0 \exp\left[-Q/(KT)\right] \qquad (2.2)$$

其中，A_0 为与温度无关的一个常数；Q 为蠕变活化能；K 为气体常数（玻耳兹曼常数），T 为绝对温度。根据某些实验研究，Q 值在较低温度条件下变化较小，可近似地取作常数；在–10℃以上随温度升高显著增大，可能是温度接近融点时有液态水分产生所致。所以，温度的影响是很复杂的，A 值只有在温度较低情况下才可用公式计算，在温度较高时，特别是温度接近融点时，往往要进行大量的实验来确定。在接近或处于融点时，不仅会有一定程度的融化而产生液态水分，再结晶作用也比较突出。液态水会使冰显著软化，再结晶产生的新晶粒一般也具有利于冰体变形的 c 轴取向，因而在较高温度下冰的应变率增大非常显著。

影响 A_0 的因素很多，静水压力被认为是其中一个因素。但如果认为冰是不可压缩的，则静水压力影响可忽略。实际上，在对冰的变形规律研究中，一般都假定冰是不可压缩的，因为只有在不可压缩假定下才可应用应力偏张量以及有效剪应力和有效应变率概念。A_0 与晶体组构、晶粒尺寸、冰内杂质成分及其含量关系非常复杂。虽然有许多实验针对这些因素进行研究，但某些结果互相矛盾，原因在于这些因素往往是交织在一起的，他们相互之间会有影响。特别是冰的晶体组构和晶粒尺寸在变形过程中处于不断变化中，两者的影响有时会互相抵消，有时又会互相促进。针对杂质成分及其含量对冰的变形的影响也有一些实验研究，但结果并不很一致。似乎固体杂质在含量较低时有延缓变形的作用，在含量较高时则出现相反效应，不过其临界含量不太确定，可能是不同实验中固体杂质成分和温度等并不完全相同的缘故。实验结果普遍认为，可溶性杂质有加大冰的变形的作用，但是其中温度的作用又很关键，因为在温度较高特别是接近融点时，可溶性杂质的融化促进冰的变形更为显著。

2.2.5　冰的广义流动定律

对冰的蠕变实验研究多数都是拉伸或压缩或剪切分别单独进行的，但自然界中的冰体所受的应力状况是多种应力综合作用，因此对式（2.1）必须进行推广以满足复杂应力条件的需要。

如果假定冰是各向同性和不可压缩的，则静水压力影响可忽略，各个方向上偏应力的代数和为零，应变率的代数和也为零。采用有效剪切应力和有效应变率，则冰的蠕变规律可表述为

$$\dot{\varepsilon} = A\tau^n \qquad (2.3)$$

$$2\dot{\varepsilon}^2 = \dot{\varepsilon}_x{}^2 + \dot{\varepsilon}_y{}^2 + \dot{\varepsilon}_z{}^2 + 2(\dot{\varepsilon}_{xy}{}^2 + \dot{\varepsilon}_{yz}{}^2 + \dot{\varepsilon}_{xz}{}^2) \qquad (2.4)$$

$$2\tau^2 = \sigma_x'^2 + \sigma_y'^2 + \sigma_z'^2 + 2(\tau_{xy}^2 + \tau_{yz}^2 + \tau_{xz}^2) \tag{2.5}$$

式中，$\dot{\varepsilon}$ 和 τ 分别为有效应变率和有效剪切应力；σ' 为偏应力；下标 x、y 和 z 分别为直角坐标系中的三个坐标轴。

对应变率分量来说，则有如下关系（又称广义 Glen 定律或 Nye-Glen 各向同性冰流动定律）：

$$\dot{\varepsilon}_x = A\tau^{n-1}\sigma_x', \quad \dot{\varepsilon}_{xy} = A\tau^{n-1}\tau_{xy} \tag{2.6}$$

由以上公式可推知，在单剪切应力作用下，应变率即为式（2.1）；在单轴拉伸或压缩应力作用下，其应变率要比同样大小单剪切应力作用下的小很多（若 n 值取 3，为剪切应变率的 2/9），说明剪切比拉伸更容易产生变形。

式（2.6）还表明，单独一个偏应力产生的应变率要比有其他应力存在时该偏应力分量对应的应变率分量要小，其原因在于每个应变率分量不仅与对应的偏应力分量成正比，还近似地与有效剪切应力的平方成正比。此外，在复杂应力状态下，随着各应力分量大小的差异，各应变率分量与对应的应力分量之间的关系有所不同，进一步说明冰的变形规律非常复杂。

冰的蠕变变形具有黏性变形特征，在冰川运动中，由此引起的冰体运动有点类似于流体运动，所以，冰的蠕变规律又称为冰的流动定律。但是，冰的流动定律与黏性流体又明显不同，黏性流体的流动定律为线性关系，而冰的为非线性关系。另一种与冰的变形规律具有一定程度近似的为理想塑性体，即应力较小时不产生变形，当应力达到屈服应力后才产生变形，而且应变率非常大，相当于上面流动定律中的 n 值在达到屈服应力后趋于无穷大。图 2.4 所示为冰、黏性流体和理想塑性体应力与应变率之间的关系对比。

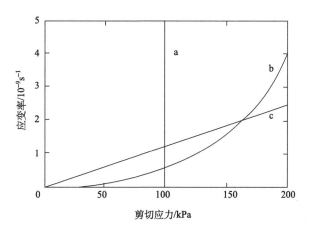

图 2.4　冰与黏性流体和理想塑性体变形规律对比（Paterson，1994）

a 为屈服应力为 100 kPa 的理想塑性体；b 为冰的流动定律，n=3，A=5×10^{-15}s^{-1}（kPa）$^{-3}$；

c 为牛顿黏性流体，黏度为 8×10^{13} Pa·s

2.2.6　冰的强度

冰的强度，特别是断裂强度，在冰冻圈工程方面极为重要。强度是某种材料在外力作用下抵抗变形和断裂的能力，依据受力情况，可分为抗压强度、抗拉强度、抗弯强度和抗剪切强度等。对冰来说，其强度中最主要的是抵抗断裂的能力，亦即能承受多大的拉、压、剪切和冲击力而不断裂。

一般来说，材料的断裂以试样中有裂纹出现为首要标志。刚体材料出现裂纹和破碎几乎是同时发生的，也就是出现裂纹后会即刻破碎，这种断裂被称为脆性断裂。塑性体材料在裂纹出现后并不马上破碎，而是最初的裂纹进一步扩展并有新的更多的裂纹产生和扩展到一定程度才会破碎。冰的塑性比较突出，因而它的断裂基本上呈现塑性材料断裂特征。但是，冰在温度很低和应力很大情况下又表现出脆性特征，所以冰的断裂强度也是很复杂的。

冰的断裂强度主要取决于两个方面：一是冰样本身的特征，包括冰的形成方式和结构（如水冻结冰、雪变质冰、含杂质冰及单晶或多晶冰及其组构特征等）以及冰样尺寸和形状。二是施加应力的方式，如单独拉或压或剪切或组合应力、静荷载、动荷载、逐渐加载、突然加载等。因此，关于冰的强度实验研究是一个非常广泛的领域，无论哪一种类型的冰（海冰、河冰、冰川冰、冻土中的冰、积雪等），都需要开展针对具体目的和符合实际情况的大量实验。例如，对于河冰和海冰，针对多厚的冰能承受多大的重量以及同一重量如何作用，就需要研究冰在受到不同压力荷载下的断裂强度。针对船舶的破冰能力需求，则要研究不同类型海冰、河冰和湖冰承受不同方式动荷载的断裂强度。在冻土研究中，根据工程需求则要研究冻土中冰的瞬时强度、长期强度等。这些实验研究的结果非常丰富，但每个实验都是针对具体的冰样和实验条件，因而所得结果各不相同。

有些实验仅仅是针对纯净的单晶冰开展，结果表明（Hobbs，1974），在温度为$-90\sim$$-50℃$条件下，出现断裂的平均应力大致在 $1.2\sim3.2$ MPa。

2.2.7　含杂质冰的力学性质复杂性

从前面阐述可以看到，冰虽然是固体，但又具有流体特性，而且冰的结构、杂质成分及其含量对其变形有重要影响。另外，与其他晶体物质类似，冰在接近融点时的变形与温度很低情况下的变形显著不同。对温度的影响前面在介绍冰的流动定律有专门阐述，对冰的结构及其导致的力学特性的各向异性在前面冰晶组构、冰的变形机理等内容中也已有较多阐述，特别是自然冰体大多为多晶冰，在建立蠕变规律时为了数学上便于处理而通常可近似地看作是各向同性的。

自然界中的冰体有些杂质含量较高，可导致其变形规律明显不同于纯净冰的蠕变规

律。冰川上的冰一般或多或少都含有杂质，虽然大部分冰体杂质含量相对较少，但在消融区表面岩屑等比较富集，冰川底部往往也富含岩屑。冰川表面因为受力的作用较小，岩屑等杂质对冰的蠕变的影响可以不予考虑，但冰川底部是受力最大的深度，冰体的蠕变变形主要发生在底部附近。针对冰川底部岩屑对冰体蠕变的影响，已开展了一些对冰川底部的直接观测和实验室含岩屑冰的蠕变实验研究。由于直接观测较为困难，为数不多的观测结果表明冰川底部含岩屑的冰变形量大于其上相对洁净的冰。但实验研究得出结果不太一致，很难得出确切的结论。

冻土中冰的含量往往少于土质，因而是含冰的特殊土体，其中还含有未冻水和气体，有些还含有较多盐分，力学特性不仅取决于土体物质的成分、颗粒结构和物理化学性质，还与冰的性质和分布（分散状、层状或网状分布等）、未冻水特征（含量和迁移情况）和温度条件等有很大关系。

海冰、河冰和湖冰，虽然都是水冻结冰，但海冰和咸水湖冰含有大量盐分，而且盐分以卤水和固态不同形式存在。盐分对冰的力学性质的影响也比较复杂，盐分含量和存在形式不同，影响程度会不一样。实验表明，海冰强度随卤水体积含量的增加有降低趋势。河冰、湖冰和近岸海冰中陆地尘土含量也很多。因此，他们的力学特性也随着杂质成分和含量的不同而有差异。

可溶性杂质对冰的力学特性的影响也是一个值得关注的问题。针对这个问题的研究往往与温度和液态水分交织在一起，因为这类杂质在发生溶解情况下对冰的变形产生的影响更为明显，尽管某些化学物质在未溶解情况下也对冰有软化效应。

2.3　冰的热学性质

冰的热学性质是冰的最主要物理性质之一，不仅对冰体内部的热量传递和冰与外界的热量交换有决定性作用，而且对冰冻圈各要素的力学、运动学和动力学过程有重要影响。本节专门阐述纯净冰的各种热学特性参数，对非纯净冰的热学参数变化将在第 6 章冰冻圈热学特征中依据不同冰冻圈要素分别介绍。

2.3.1　冰的融点和相变潜热

一种材料的热学性质通常由几种参数来表征，如融（熔）点（开始融化的温度）、比热（又称比热容或热容量）、相变潜热、热导率（或称热导率、导热系数）、热扩散率（或称热扩散系数、导温系数）等，其中热扩散率可由热导率、比热和密度来推算。

冰的热学参数大多都随压力、温度和杂质成分及其含量等的变化而变化，有的还与密度有关。纯净冰的融点则主要受压力影响。在常压（1 atm[①]）环境下，纯净冰的融点为0℃。冰的融点与压力存在着一种奇妙的关系：实验观测表明，在2000余个大气压以下，冰的融点随压力的增大而降低，大约每升高130 atm降低1摄氏度（或者可表述为每增加100kPa降低约0.0075℃）；如果压力进一步增大，冰的融点则随压力增加而升高，在6000余个大气压下融点升高至0℃，压力再继续增大，融点就会继续升高到0℃以上。冰的融点随压力增大而降低的特点已经被人们广为知晓，很典型的例子就是前面曾提到过的复冰现象，即在负温条件下由于局部压力增大而使冰产生融化，从而可以让金属丝线穿过冰体。但冰的融点在很强大的压力下会出现升高的现象很少被人们了解，因为要达到几千至上万个大气压的实验绝非易事。另外，冰的融点随压力变化而变化的速率以及转折点压力值及其对应的融点，不同的研究者得出的数值有所差异。地球上的自然冰体所受的压力变化范围较小，大部分处于或接近1 atm下，只有冰盖底部受数千米冰厚施加的压力可达上百个大气压。如在南极冰盖和格陵兰冰盖的冰芯钻取中，底部温度约为–2℃的情况下出现冰的融化现象。

对大多数物质来说，冻结温度和融化温度是近似相同的。在一个大气压下，纯净冰的融点和纯净水的冰点（冻结温度）也基本都是0℃，但某些情况下，水的冰点会低于0℃。例如，大气中过饱和水因缺少凝结核而在温度低于0℃很多时仍可以不结冰，冻土、冰川上的雪层以及积雪中的少量水分，因受周围物质分子引力作用，在温度为0℃时并不冻结，特别是冻土中的强结合水的冻结温度可低到零下几十摄氏度。

冰的相变（融化和升华）潜热是非常重要的热学参数之一。如果各种冰都以质量来表示，他们的相变潜热是相同的。在1 atm下，冰的融化潜热为333 kJ/kg（约为80 cal[②]/g），与0℃水的冻结潜热相等；冰的升华潜热为2837 kJ/kg（约为676 cal/g），相当于水的冻结潜热加上汽化潜热。这些相变潜热值仅为参考值，因为不同的实验测量值有差异，尽管差异不大。另外，依据焓理论，冰的融化潜热随温度降低而有所减小，原因在于焓随着冰的密度增大而减小，而随着温度降低冰的密度会增大。某些实验观测也证实了这种特征，如Hobbs（1974）所总结，–20℃时冰的融化潜热为241 kJ/kg。这些结果实际上来源于压力增大导致融点降低时的实验观测，与自然界通常在1 atm或与1 atm相差不很大（不足一个大气压或几个大气压）的情况截然不同，在冰冻圈科学研究中可以不予考虑。按照冰的融化潜热或水的冻结潜热，每克质量的冰融化成水或水冻结成冰，吸收或释放的热量可使同质量水的温度变化约80K，使同质量冰的温度变化约160K（冰的比热仅为水的一半）。由于冰的相变潜热如此巨大，使得冰冻圈变化在地球表面能量平衡中显示出强大的影响力。

---

① 1 atm = 1.013×10^5 Pa

② 1 cal ≈ 4.2J

2.3.2　冰的比热

一种物质或一个系统在某一过程中，温度升高或降低一个单位所吸收或释放的热量称为该物质或该系统在该过程中的热容量，简称热容。单位体积的热容量和单位质量的热容量分别被称之为体积比热容和质量比热容，都可简称比热。如果采用质量比热，则比热与物质的密度无关。比热还有定压比热和定容比热之分，依据物质的压缩和膨胀特性，两者可以进行互相推算，其关系式为

$$C_p - C_V = \frac{\gamma_c^2 VT}{\omega} \tag{2.7}$$

式中，C_p 和 C_V 分别为定压比热和定容比热；γ_c 为体积膨胀系数；V 是体积；T 是热力学温度，K；ω 为确定温度条件下的压缩系数。

对纯净冰来说，0℃（273.16K）时的定压比热比定容比热高出约 3%，随着温度降低，两者之间的差会不断减小（这说明冰是具有一定热膨胀特性的物质，但在较低温度下其热膨胀特性可忽略，后面将对此进一步阐述）。在压力恒定条件下，纯净冰的比热主要与温度有很大关系。大量的实验观测表明，纯净冰的比热随着温度降低而减小，除了低于 15K 的小范围温度外，其他绝大部分温度范围内都可近似地表示为线性关系，但不同温度范围内其降低速率不同。由于实验条件和观测设备以及冰样的差异性，尽管各个实验研究结果所展示的趋势相同，但具体数值存在着差异。图 2.5 所示为许多实验结果的汇总（Yen et al., 1991/1992），由此可得出在 1 atm 和温度高于 150K（即–123℃以上）的情况下，纯净冰的比热 C_p 与温度之间拟合的线性关系为

$$C_p = 2.7442 + 0.1282\,T \tag{2.8}$$

式中，C_p 为比热，J/(mol·K)；T 为热力学温度，K。对自然界常见温度范围，这一关系是比较适用的。由式（2.8）并换算成 kJ/(kg·K) 单位的话，可得 1 atm 下 0℃时纯净冰的比热为 2.097 kJ/(kg·K)，约为水的比热 [4.187 kJ/(kg·K)] 的一半；在–50℃时为 1.741 kJ/(kg·K)。

2.3.3　冰的热导率

热导率是表征物体或材料传导热量的能力的物理量，其定义为垂直于所考虑的物体或材料（单位）面积方向的单位距离内，在单位温度梯度作用下单位时间内所传递的热量，常用单位为 W/(m·K)。简言之，热导率就是刻画物体或材料导热性能的参数，也称之为导热率或导热系数。在冰冻圈各要素研究中，热导率是最为关注的热学参数。一般来说，固体的热导率比液体的大，液体的又比气体的大，冰作为水的固态形式，其热导率也比水的大。

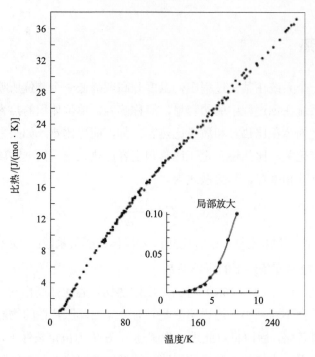

图 2.5　冰的比热与温度的关系（Yen et al., 1991/1992）

　　影响冰的热导率的因素有内在和外在两个方面，内在因素包括冰的结构、密度和杂质等，外在因素主要为压力和温度，湿度也可能有一定影响。对纯净的块体多晶冰，一般都假定是各向同性的，在 1 atm 环境下，如果不考虑密度变化，则认为主要影响因素是温度。大量的实验观测表明，在温度高于 10K 的绝大部分情况下，纯净冰的热导率具有随温度降低而增大的特征；当温度低于 10K 时则是随温度降低呈现相反变化趋势。由于低于 10K 是温度极低且很小的温度范围，一般可认为冰的热导率是随温度降低而减小的。图 2.6 展示了某些实验结果的汇总（Yen et al., 1991/1992）。从该图中可以看到，无论热导率随温度降低而增大还是随温度降低而减小都不是线性的，对不同的温度范围可以拟合出不同的关系式。应用温度高于 100K 的实验数据，拟合出热导率与温度的关系为

$$\lambda_i = 1.16(1.91 - 8.66 \times 10^{-3} T + 2.97 \times 10^{-5} T^2) \tag{2.9}$$

式中，λ_i 为冰的热导率；T 为以℃为单位的温度。由式（2.9）可得到，在 0℃时冰的热导率约为 2.2 W/（m·K）（许多实验结果为 2.1 W/（m·K）），比水的热导率[0.59 W/（m·K）]要大好多，–50℃时冰的热导率为 2.8 W/（m·K）。

　　对不同的晶体组构的冰和水分子含重同位素的冰也有一些实验观测。结果显示单晶冰沿 c 轴方向的热导率要高出垂直于 c 轴方向的 5%左右（最大为 8%）；由 D_2O 水分子形成的冰，其热导率小于由 H_2O 水分子形成的冰的值，而且两者之间的差值与温度有关：在温度较低时差值较小（在 20～80K 温度范围，差值为 5%～10%），温度较高时差值较

大（在 100～200K 温度范围，差值可达 20%～30%）。

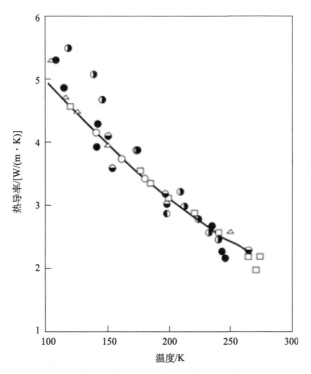

图 2.6 冰的热导率与温度的关系（Yen et al., 1991/1992）

图中黑点、圆圈等不同符号表示不同实验结果

2.3.4 冰的热扩散率

热扩散率是指某一物体或某一体积材料的不同部位温度不同时使温度趋于达到均一的能力。因为热量是由温度高的部位向温度低的部位扩散，故称热扩散率，也称导温系数。在通过热量平衡方程求解温度场时，热扩散率是方程中主要的参数，因而其显得非常重要。由于热扩散率由密度、比热和热导率所决定，它可以由计算获得，其计算公式为

$$K = \frac{\lambda}{\rho c} \tag{2.10}$$

式中，K 为热扩散率；λ 为热导率；ρ 为密度；c 为比热。

对纯净冰来说，如果取密度为常量（917kg/m^3），由前面比热和热导率参考值，可计算出热扩散率在 0℃时为 1.1×10^{-6} m^2/s，在 -50℃时为 1.7×10^{-6} m^2/s。这说明冰的热扩散率随温度变化趋势与热导率相同，也是随温度降低而增大。

冰的热扩散率也可以直接通过实验室或者现场测量温度传播来获得。其方法是在实验冰样的一端使温度产生谐波（如正弦波）变化，然后朝试样的另一端方向按不同距离

测量温度变化，利用这些测得的不同位置不同时间的温度，可根据热传导方程反过来计算出热扩散率。野外现场测量的原理与此相同，只不过现场的温度谐波变化来自于自然因素引起的变化。例如，依据天然雪层和冰体表面温度日变化或季节变化具有谐波规律的特点，观测一日当中或一年不同季节表面和不同深度的温度变化，再通过分析热传导方程来计算出冰或雪的热扩散率。但是，天然冰体或雪层的结构以及杂质通常不均一，表面温度变化并不是严格的谐波规律，再加上还有其他热量传递过程和因素，由此方法获得的热扩散率比较粗略。

2.3.5　冰的其他热学性质

除了上面阐述的几个热学参数外，冰的其他一些性质也受温度的影响。例如，冰在温度变化情况下，密度会发生变化，也会表现出膨胀和压缩特性、冰的体积扩散也与温度有关，等等。尽管在传热学研究中，这些都往往可被忽略，但在工程上，冰的这些特性却有重要意义，因为即使很微小的体积变化和膨胀都会产生很大的力。

1. 密度随温度变化

冰的密度随压力增大而增大，当压力固定不变时，冰的密度具有随温度降低而增大的特征。对一些实验室人工冻结冰和自然冰体的观测结果表明，在不同的温度范围密度随温度变化的幅度不同。图 2.7 展示的某些观测结果显示，冰的密度与温度之间具有线性关系，但在温度高于–140℃时斜率较大，在低于–140℃时斜率非常小，温度高于–140℃范围的关系可表示为

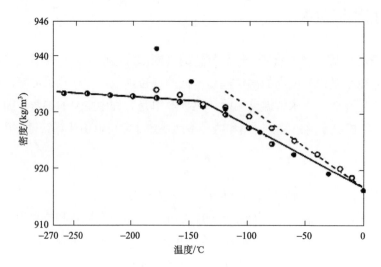

图 2.7　冰的密度随温度变化的某些实验观测结果（Yen et al., 1991/1992）

圆圈、黑点等表示源自不同研究者的结果，直线和虚线是据某些实验的拟合

$$\rho_i = 917(1 - 1.17 \times 10^{-4} T) \tag{2.11}$$

式中，ρ_i 为冰的密度，kg/m^3；T 为温度，℃。

对自然界纯净冰体（如河冰）来说，密度还会随年龄增长而减小，不过减小量很微弱，一般情况下可忽略（非纯净冰，如海冰，其密度随年龄增长而减小则比较明显）。

2. 热膨胀

冰随温度变化所呈现的体积变化以热膨胀系数来表征，沿某一方向测量的长度变化率为线膨胀系数，总的体积变化率为体膨胀系数。理论上和实验观测都表明，平行于晶体 c 轴方向的线膨胀系数要大于垂直于 c 轴方向的线膨胀系数，但有些实验观测结果显示在温度较高时其差异不明显，因而单就膨胀性质来说似乎可近似地将冰看作是各向同性的（这与冰的变形和导热性能表现出的明显各向异性有所不同）。关于热膨胀系数随温度的变化，尽管不同实验观测结果有差异，但总体上得出的变化趋势大致是相同的，即无论线膨胀系数还是体膨胀系数在 0℃ 以下的大部分温度范围内都随温度降低而减小，且大致为线性变化（Yen et al., 1991/1992），据有的实验结果拟合出的线性关系为

$$\gamma_1 = (0.2424T - 11.7582) \times 10^{-6} \tag{2.12}$$

式中，γ_1 为冰的线膨胀系数；T 为绝对温度且高于 80K。也有拟合出的线性关系略有差异，比如上式右端括号中第一个常数为 0.28，后一个为 15.48。当温度低于约 80K 时，线膨胀系数的变化显著减小，特别是在约 50K 以下时则观测到线膨胀系数为负值。体膨胀系数也在约 50K 以下出现不规则变化，不过观测数据较线性膨胀系数要少一些，对 50K 以上拟合出的线性关系为

$$\gamma_c = (0.67T - 24.86) \times 10^{-6} \tag{2.13}$$

式中，γ_c 为冰的体膨胀系数。据这些观测结果可认为在约 50K 以下随温度降低冰的体积会呈现收缩现象，但自然条件下的温度达不到如此低的值。

3. 可压缩性

一种物质的可压缩性被定义为在静水压力变化下其体积的变化率,既属于力学特性，又可归于热学特性，因为几乎所有物质的压缩系数都是随温度而变化的。如果压缩发生在恒定温度条件下，压缩系数就称为等温压缩系数；若该物质与周围物质没有能量交换，则称压缩系数为绝热压缩系数。在前面介绍冰的力学性质时，为了能够方便建立冰的变形规律数学表达式，假定冰在变形过程中不受静水压力影响，从而认为冰是不可压缩的。但实际上，冰是具有一定压缩性能的，是否考虑它的压缩性能，取决于所要针对的问题。与其他热学性质实验研究相比，冰的压缩性能的实验研究相对较少，且已有实验结果显示的压缩系数随温度变化的特征有明显差异，有的为线性关系，有的为非线性；即使都显示为线性关系，其斜率也不一样。不过，所有实验结果都表明冰的压缩系数具有随温度降低而减小的趋势。

总体来讲，冰的热学性质是非常复杂的，所受的影响因素很多。在实验研究中，为了考察某一个因素的影响，必须假定或给定其他因素为恒定不变的。另外，冰的热学性质又和力学性质交织在一起，冰在受力和变形情况下热学性质会发生变化，反过来热学性质的变化又会影响力学性质的变化。因此，在冰冻圈物理过程研究中，必须考虑冰的力学性质和热学性质的相互影响。

2.4 冰的光学和电学性质

冰的光学和电学性质是冰冻圈遥感和现场探测技术的理论依据。由于在《冰冻圈遥感学》等书中对冰的光学和电学性质及其应用有专门介绍，本节仅对纯净冰的光学和电学性质予以简略概述，而且不涉及应用问题。

2.4.1 冰的光学性质

冰的光学性质包括反射和吸收、折射、衍射和散射等。在冰结构研究中，可利用冰的折射性研究冰晶体组构。在冰冻圈遥感中，反照率是最为重要的参数。因此本小节重点对冰的折射和反射特性予以阐述，其他方面介绍较为概略。

1. 冰的光折射特性

光的折射是指光束从一种介质斜射入另一种介质或者在同一种不均匀介质中传播时其传播方向会偏离原来的方向。对各向异性晶体，光的折射又呈现出双折射特征。冰是只有一个 c 轴的各向异性晶体，其双折射特征是光束在入射时会分解成寻常光和非寻常光两个光束而沿不同方向折射。寻常光的传播速度在各个方向上都是相同的，因而其矢量面为球状面；非寻常光的传播速度在不同方向上是不同的，但又是对称于 c 轴的，因而其矢量面为对称于 c 轴的旋转椭球面。光束在真空中的传播速度与折射的光束传播速度的比值被称为折射指数（也叫作折射率），寻常光与非寻常光折射指数的差被称为双折射指数（相对于真空的这种折射指数又叫作绝对折射指数，相对于另一种介质——如空气的折射指数叫作相对折射指数）。研究表明，与已知的各种矿物晶体相比，冰的折射指数是最低的，它的双折射指数也非常低；冰的折射指数随光的波数（由波长所决定）和温度有所变化。在给定温度条件下，波数越少冰的折射指数也越小；在约−170℃以上的温度条件下，冰的折射指数随温度降低呈现减小特征，而许多其他晶体物质的折射指数并不呈现随温度降低而减小的特征。

当用白光照射冰体时，置于偏振光片之间的单个晶粒会出现色彩，是由于在寻常光和非寻常光中特定波长的光线传播速度不同而产生干涉所致。根据冰的双折射和偏振光效应，可以利用互相垂直的两束偏振光照射冰晶体来观测冰晶体的颜色而达到确定冰晶体 c 轴方向的目的。当第一束偏振光与某一晶粒的 c 轴方向一致时不发生折射，而垂直于 c 轴的第二束偏振光则完全不能透过，该晶粒就呈现黑色；其他 c 轴方向与两束偏振光既不平行也不垂直的晶粒，两束光线都会透过部分的光，但透光量和传播速度依光束与 c 轴夹角不同而不同，因而各晶粒呈现的颜色不同。据此可以测量一薄片冰的各个晶粒的 c 轴方向（见 2.1 节中晶体结构）。

2. 冰的光吸收和反射特性

一束光照射冰体时一部分能进入冰体，剩余部分则被反射。进入冰体的光一部分被吸收和散射，一部分则穿透冰体，最后有多少光留在冰内取决于冰对光的吸收性能和光在冰内的传播距离。冰对光的吸收性能以吸收系数来表征，通常情况下，吸收系数被表示成在冰内吸收的光通量与进入冰体的光通量的比率，显然其中包含了光的散射。吸收系数主要取决于冰对不同波长的吸收能力、光在冰内的传播距离和冰体自身的特征（冰的晶体结构、含杂质情况等）以及环境条件（温度等）。如果不含气泡和其他杂质，冰的透光性很好，但随着冰厚度增加，冰体可能呈现蓝色或深绿色，是因为波长较短的蓝色光被部分吸收和散射，如同较深水体一样。自然界绝大部分冰体都含有杂质和/或气泡，其透光性减弱。

关于冰对不同波长光的吸收能力有大量观测研究，尽管不同研究者的观测结果有所差异，但对主要波段的观测总体上差别不大。图 2.8 展示了某些观测所揭示的冰对短波和长波光辐射的吸收系数随波长的变化。从图中可以看到，在可见光区段，冰的吸收系数低于 $1/100\text{cm}^{-1}$，基本上可看作是透明的；在红外光的大部分区段，吸收系数很高，特别是中红外光区达到 1000cm^{-1} 以上。

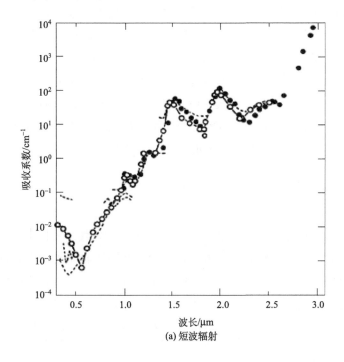

(a) 短波辐射

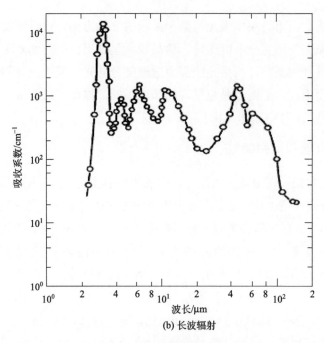

(b) 长波辐射

图 2.8   纯净冰对短波辐射和长波辐射的吸收系数（Yen et al., 1991/1992）

圆圈、黑点、虚线等源自不同研究者

对自然界冰体来说，人们更关注的是冰的反照率。反射率与反照率之间的区别在于反射率是指物体对入射光线的反射能力，常需要指定光线的波长和入射方向（角度），因为同一物体对不同波长光线以不同方向入射的反射能力是不同的；反照率则是指对全波段光线半球方向的总反射能力，也就是反射率在全波段上的积分，在地球科学领域，又特别指某种物体（表面）对太阳辐射的反射能力，用反射辐射通量与入射辐射通量之比（用小数或百分数）表示。由于纯净冰的透光性很好，如果是薄片冰，其反射率非常低。但自然界中，常见的冰都具有一定的厚度，随着厚度增大，透光性急剧降低，反射率明显增大，导致反照率也比较大。反照率还与冰晶粒尺寸和所含杂质等有关，因为自然冰体或多或少都含有杂质。另外，天气状况也会影响冰的反照率。依据大量观测资料，自然冰体（冰川、河湖冰、海冰等）的反照率大多在 0.4～0.65 之间。

2.4.2   冰的电学性质

冰的电学性质主要为介电和导电特性，分别以介电常数（又称电容率）和电导率来表征。对冰的介电和导电特性的研究可分为理论研究和实验观测两个方面。理论研究是基于对冰的分子结构进行分析，通过质子和电子在受到不同电场作用的活动来推导分子间的介电和导电特征。实验观测则是对各种天然冰体和人工冻结冰的样品在施加不同电场作用后测量其介电和导电特征。通过理论研究能够辨析纯净冰介电和导电过程的基本原理，而实验观测结果则会对揭示各种天然冰体的介电和导电特性及其影响因素提供更多参考数据。

研究表明，冰的高频介电常数和静态介电常数都随温度降低而有所增大，但其变化率很难确定。尽管已有许多实验研究，但得出的增大速率有所不同，因为冰的晶体组构、密度和电场与冰晶体 c 轴之间的夹角以及冰内杂质也有影响。对实验室冻结的冰和取自冰川的冰样进行测试的结果表明，在–40～0℃温度范围，高频相对介电常数基本为 3.1～3.2；静态相对介电常数多为 90～110。由于冰与其他物质的介电常数有明显差异，冰的介电常数是冰川雷达探测的理论基础。根据冰与其他物质介电性能的巨大差异和不同结构类型的冰体之间介电特性差异，利用无线电回波探测（echo-sounding,又称回声探测）原理研发的冰川探测雷达（DPR）技术已经在冰川和冰盖上广泛应用，通过调节频率，可以有目的的探测冰体厚度、冰下地形、底部含岩屑层、冰内和冰下水流、暖冰层、冰结构突变层位和冰内杂质富集层（带），等等。同样的设备，也可以用在对海冰、湖冰和河冰的探测上。

冰的电导率对温度、电场、冰组构和冰内杂质等的差异也非常敏感，特别是不同杂质成分的影响尤为突出，因而通过电导率测量判定杂质成分种类是冰川化学和冰芯研究的重要内容之一。已有的实验数据给出的直流电导率范围在 10^{6}～10^{9}/（$\Omega\cdot m$）之间，较多地在 10^{7}/（$\Omega\cdot m$）（即 10^{5} S/cm）数量级上。利用冰与其他物质导电性能差异和冰结构对电导率的影响，在野外现场对钻取的冰芯进行固体电导率测量，既可以判别竖直方向上冰体的物质组成，也能对冰体物理特征有很好的了解，因为冰芯放置一段时间或切割样品以后，其物理特征会有变化。还可以在实验室对冰雪样品测定液体电导率，研究引起电导率变化的环境因素。

积雪作为冰晶颗粒的松散堆积体，某些物理特征（雪粒粒径、密度、含水率、温度等）对超高频无线电波即微波波段的电磁波（频率 0.3～300GHz，波长 0.1mm～1m）较为敏感，因而应用微波探测可揭示积雪的某些特征是冰冻圈遥感中一个重要的研究领域。目前，利用卫星微波遥感反演积雪和冰川表面雪层物理特征的技术和方法发展极为迅速，较早的主要是被动微波遥感（传感器不发射微波而只是接受来自目标物的微波辐射），近来主动微波遥感（传感器发射微波波束再接收目标物反射或散射的回波，即雷达探测）发展更快，如合成孔径雷达（SAR）、干涉合成孔径雷达（InSAR）、极化干涉合成孔径雷达（Pol-InSAR），等等。

自然界各种冰体都不是纯净冰，相对来说，冰川冰、河冰和湖冰较为洁净，但还是或多或少都含有一定的杂质。海冰含盐分特征比较突出，冻土中的冰往往只占很小的比例（除有厚层地下冰情况以外）。因此，需要通过实地观测得出这些不同冰冻圈要素的电学特征参数，再应用电学设备去探测他们的厚度分布和物质组成等重要特征。

思 考 题

1. 冰与常见固体物质的主要区别什么?
2. 自然界的冰可被看作是各向同性吗?

第3章
冰冻圈形成和能量-物质平衡

冰冻圈的形成过程实质上就是在水分和热量交换满足一定的条件时，在不同的场地形成存在形式各异的冰冻圈要素。冰冻圈各要素在形成和变化过程中，都经历着水分相变、质量增减和物质运动等一系列物理过程。本质上讲，能量和质量的耦合过程是冰冻圈形成和变化的最基本物理机制。因此，本章首先概念性介绍冰冻圈的形成过程，然后重点从能量平衡和物质平衡的角度阐述冰冻圈形成和变化的物理机制。

3.1 冰冻圈的形成过程

水分以固态形式存在的基本条件是能量交换使得温度低于水分的冻结温度。因此，水分和寒冷的气候条件是冰冻圈形成和发育的主控因素，通常称为水热条件。但是，在水分和温度条件相同情况下，不同的空间条件则使固态水存在的形式不同，如在陆地上形成冰川和冰盖、冻土和积雪等，在水中形成海冰、河冰和湖冰等，以及在大气中形成各种形式的固态水，冰架、冰山和海底冻土则是在陆地上形成的冰体和冻土进入海洋。于是，冰冻圈形成的条件可归结为水分（物质来源）、低温（能量条件）和空间条件三个方面的组合，而由于这三方面条件组合的差异，不同冰冻圈要素形成过程也不一样。

3.1.1 陆地冰冻圈的形成过程

近地表气温随纬度和海拔高度的分布规律宏观上决定了陆地冰冻圈发育的范围。在纬度上，因太阳辐射从赤道向南北两个方向减弱，气温呈现随纬度升高而降低的纬度地带性规律，低纬度常年温度高于 0℃，南北极的气温常年低于 0℃。在海拔高度方向上，随海拔升高空气密度减小使气温表现为随海拔升高而降低的垂直地带性规律，即使在中低纬度地带，数千米海拔的高山区年平均气温也会降至 0℃以下。然而，地形和地表特征以及水分条件的差异导致陆地冰冻圈各要素的形成各有特点。

1. 冰川和冰盖的形成过程

1）形成条件

冰川和冰盖是陆地上由固态降水（主要为降雪）积累、演化形成并在重力作用下流动的冰体。冰川和冰盖发育的物质条件是固态降水，温度条件则是年内多半时间气温低于融化温度（0℃）而使年内的固态降水不被完全融化。一方面，如果固态降水量很大，即使年内多半时间气温高于融化温度（0℃），也可能不会使固态降水完全融化而具备冰川形成条件，比如在降水量丰沛的低纬度高山区。另一方面，如果全年气温基本都处于0℃以下，即使降水并不丰沛也会形成规模很大的冰川，乃至冰盖。例如，南极大陆中心地带的年降水量仅有 50～150 mm，但全年气温都远低于0℃（目前东南极冰盖内陆高原最高温度低于–20℃，年平均温度低于–50℃），降雪几乎不发生融化。冰盖的形成基本上不受地形因素的影响。在极地地区的岛屿上可形成几何形态类似冰盖的冰川，但规模远比冰盖小，被称为冰帽。

在中低纬高山区，当区域降水和温度条件满足冰川发育时，冰川的形成及其形态很大程度上取决于地形条件。地形过于陡峭，降雪难以囤积，不利于冰川形成；低洼和平缓地形有利于降雪囤积，因而在山谷和雪蚀洼地能够形成规模相对较大的山谷冰川和冰斗冰川，不太陡峭的山坡上可形成规模较小的坡面冰川，较陡峭山坡上可形成规模非常小的悬冰川，平缓山顶可形成冰帽。

2）雪演变成冰的过程

冰川和冰盖形成的过程中首先是降雪的不断累积和雪逐渐转变成冰。新降雪密度很低，一般不超过 100kg/m³，不同形状的新雪雪花经自动圆化（见第 2 章"冰的晶粒特征和雪花"）成颗粒状以后，密度迅速增大到 300kg/m³ 左右。在没有融水参与的情况下，雪粒（也称"晶粒"，但不同于结晶学上晶粒的严格定义）在自重和上覆雪的压力下产生相对位移，雪粒之间的排列越来越紧密，可使密度达到 550kg/m³。烧结和重结晶作用可使雪粒进一步增长，雪粒间的空隙不断缩小，被压缩空隙间的气体逸出雪层，密度继续增大。最后当密度达到 830kg/m³ 时，雪粒之间存余的孔隙被封闭成气泡，此时雪就变成了冰川冰。这种成冰过程属于动力成冰过程，所需时间可长达千年尺度，雪转变成冰的深度近百米。

在有融水参与的情况下，因融水量、雪层温度以及融水渗浸到雪层深度的不同，成冰方式和过程长短也有差异。若融化微弱、雪层温度很低，融水下渗很小深度刚浸润雪粒就又冻结，称其为再冻结冰，一个完整年雪层中大部分雪粒仍经历着动力变质成冰过程。若融化较强烈、雪层温度虽然为负温但不是很低时，融水可渗透到当年雪层较大深度，并在渗透过程中将雪层温度提高到 0℃附近，而且部分雪粒被融化，降温时又重新冻结成冰。这种冰晶粒比再冻结冰的大一些，也含有气泡，可称为渗浸冰。一个年雪层中，渗浸冰可占很大比例，剩余的雪粒仍然在压力作用下经历动力成冰过程。如果融化非常强烈，雪层温度又较为接近 0℃，融水不仅可渗透一个年雪层，还会渗入下一个年雪层，或者遇到隔水层（冰层）而聚集。降温时被融水渗透的雪层冻结形成的冰与渗浸冰类似，在隔水层附近聚集的水冻结形成的冰则不含气泡而透明。这种被融水浸泡雪层重新冻结并夹杂融水冻结的冰，被称为渗浸-冻结冰。有融水参与的成冰过程称为热力成冰过程，仅在一个季节或年内即可完成，形成的冰的密度介于动力变质冰（830 kg/m³）和水冻结冰（917 kg/m³）之间。

３）平衡线和冰川区带

雪变成冰只是冰川形成的开始，只有更多的冰累积到在自身重力作用下能够向低海拔运动才算是冰川形成了。如果冰量不足以使自身运动则为死冰，可称为冰斑而不能称为冰川。正是有了冰体运动，冰川才有了活力，才得以进一步扩展。不断积累的冰体通过运动向海拔低处输送，在海拔较低处因温度较高冰体被融化。于是海拔高处年内降雪融化不完而为净积累区，海拔低处降雪完全融化后还要融化从上游运动来的冰而为净消融区，分别被简称为积累区和消融区，之间的界限被称为平衡线。气候稳定时期的平衡线位置也相对稳定，积累区的雪冰净积累与消融区的雪冰净消融刚好抵消，冰川规模也相对稳定。如果气候变冷或变暖，平衡线位置必定下降或升高，冰川规模随之增大或减小。

冰川积累区因当年降雪融化不完，一年四季基本都被雪覆盖；消融区冬季被降雪覆盖，夏季表面为裸露冰。另外，积累区从平衡线向冰川顶部，气温越来越低，融化越来越弱，雪层厚度和融水渗透作用也随高度而变化，因而从消融区向上游可划分出不同的区带。欧美学者根据表面和雪层特征对冰川带的划分如图 3.1 所示。原苏联学者按成冰

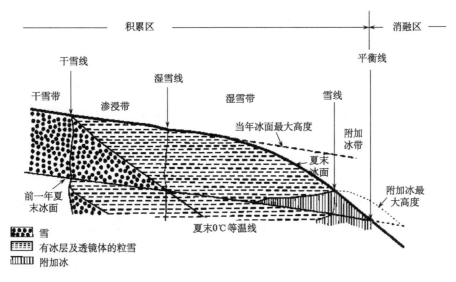

图 3.1　冰川带划分（据 Cuffry and Paterson, 2010 改绘）

机制划分出的带谱为：重结晶带或雪带、再冻结-重结晶带、冷渗浸-重结晶带、暖渗浸-重结晶带、渗浸带、渗浸-冻结带和消融带。中国在 20 世纪 80 年代以前采用的是原苏联划分方案，后来逐渐顺应了欧美的划分，但某些术语还在沿用较早的，如"成冰作用""成并带"和"渗浸-冻结冰"等，对应的欧美学者术语则为"雪演变成冰""冰川带"和"附加冰"。不同类型冰川带谱不同，即使同一类型的冰川之间也会存在差异，一般中低纬度冰川并不具有完整的冰川带谱，尤其缺乏干雪带。

2. 冻土的形成过程

1）形成条件

冻土是土层中水分冻结成固态后的土体，是特定气候条件下地表层与大气间能量、水分交换的产物。按照冻土生存时间可分为多年冻土和季节冻土以及瞬时冻土、短时冻土等，其中多年冻土和季节冻土最为重要。多年冻土是指处于冻结状态存在两年以上的土层，季节冻土指冬季冻结夏季融化的土层，年冻结日数在 1 个月以上。上覆于多年冻土层在夏季融化的土层，称为多年冻土活动层。

由于严寒的气候是冻土发育的热驱动条件，因此冻土的发育和分布总是与气温的分布呈现较好的一致性，即具有与冰川形成类似的纬度和高度地带性规律。季节冻土的冻结深度随纬度和海拔升高而逐渐增大，到一定纬度或一定的海拔高度，便出现多年冻土。在北半球，由季节冻土转变为多年冻土的最低纬度称为多年冻土南界，而由季节冻土转变为多年冻土的最低海拔称为多年冻土下界。一般而言，年平均地表温度低于 0℃是多年冻土形成和保存的必要条件，高于 0℃的区域一般只发育季节冻土。

土层中的水分是冻土形成的物质条件，土层温度处于冻结温度以下的冻结状态是冻土形成的能量交换条件。一般土层中总是含有一定量的水分，尽管土层中水分的多少对冻土的形成有一定影响，但是当热条件适宜时，冻土即可形成。不含水分或水分含量极微的地表层，如沙漠和基岩，按照国际冻土协会只将温度作为定义冻土的指标，温度低于 0℃时也被归于冻土范畴，但实际研究意义不大。

地形条件一般与地貌条件耦合影响冻土的发育程度和冻土内地下冰含量。阴坡坡面由于接受的热量较小，通常比阳坡坡面冻土更加发育。坡度越大，土层粗颗粒含量越多，含冰量一般越小，低洼平地或缓坡坡脚通常发育高含冰量的冻土。

2）季节冻土形成过程

冬季气温低于地温而使土层向大气放热，土层温度降低，直至达到冻结温度，土层中水分开始冻结。随着土层放热的持续，冻结深度由上至下逐渐增加。气温开始回暖后，气温高于地温，土层转变为吸热状态，当地表温度达到冰的融点以后，冻土层从表面开始融化。与此同时，由于冻结土层之下非冻结土层向冻结土层传热，使得冻结土层下部也开始融化，最终冻结土层完全融化（图 3.2）。

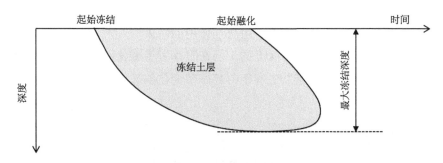

图 3.2 季节冻土发育过程示意图

3）多年冻土的形成过程

如果季节冻土冷季放热量增加，冻结土层增厚，暖季吸收的热量不足以融化全部冻结土层，下次冷季到来后，表层土冻结直至与残留的冻结土层衔接，而冻结土层继续降温，残留冻土层底部发生冻结，冻结土层加厚。如此往复，多年冻土逐渐发育形成（图 3.3）。因此，多年冻土是在一段时期的寒冷气候条件下逐渐形成的。寒冷气候持续时间越长，形成的多年冻土厚度越大，多年冻土地温也越低。在漫长的历史气候变迁中，多年冻土还会随着气候的变化经历发育和退化过程。由于土层中热量的传递过程具有时间滞后性，因此，地表热交换条件的改变引起的土层深部热状态的变化总是滞后于气候变化。土层越深，对地表能量变化的响应时间也越长。

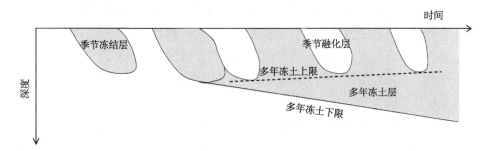

图 3.3 多年冻土发育过程示意图

根据多年冻土与土层沉积的关系，多年冻土的形成还可分为后生多年冻土、共生多年冻土和混合生多年冻土三种。后生多年冻土是气候持续变冷的产物，是多年冻土形成后多年冻土下限持续下降，多年冻土层的厚度逐渐增厚而形成。这种类型多年冻土是土层的冻结过程发生于土层的沉积作用之后，也就是先有岩、土层，后被冻结。共生多年冻土是在较为严寒的气候条件下，多年冻土已经形成，之后土层不断向上沉积，多年冻土上限也随之而上升，致使多年冻土厚度不断增加。也就是说，冻结与沉积大致同时进行，其与后生多年冻土的本质区别为，前者是多年冻土上限伴随着沉积物的加积逐渐上升而形成，后者则是多年冻土下限逐渐下降的结果。地表大部分地区的多年冻土是混合形成的，也就是共生和后生两种冻结作用交互作用的结果。

多年冻土层发育后，地表一定深度的土层在暖季发生融化，冬季又重新冻结，被称为多年冻土活动层。由于活动层发生着年内随季节变化的冻融过程，又可将其归入季节冻土。

3. 积雪的形成过程

积雪是覆盖在陆地表面，存在时间不超过一年的雪层，即季节性积雪。积雪存在的最短时间是多少目前尚无明确界定，但一般至少数天以上才具有明显的实际意义。例如，只存在数小时或一两天的积雪主要对交通出行有影响，而一场暴雪数天内会对交通、农作物和畜牧业等造成重大损失，一个月或几个月持续存在的积雪具有重要的气候、水文和生态环境效应。

积雪的物质来源是降雪，因此积雪的分布范围大致与降雪的分布范围相当，但是由于在降雪的南界附近会产生降雪落地后快速融化而不产生积累的现象，因此，降雪范围一般大于积雪范围。积雪的形成需要降雪在地表沉积后短时间内不发生融化，因此地面温度和一定高度范围内气温不能过高，大致上一般不能高于 1.0℃。气温太高无法形成降雪，地面温度过高则降雪落地后快速融化，在零度以下的地表（如冻土地表）更容易形成积雪。降雪量的大小对积雪的形成有较大影响，零散的飘雪即使是零下温度也很难积累起来，而强度大的降雪即使是温度较高（超过 1.0℃）也能形成积雪。

积雪的形成还与地表形态、风场等有关，只有当一个地点或区域的降雪量和风吹雪的积累量之和大于地表融雪量和风吹雪损失量之和时，积雪才能形成，因此，地表温度低、降雪量大、地表风速小，则积雪可能就厚，存在时间长。地形因素对积雪形成的影响表现在平地、洼地和缓坡有利于降雪在地面的积累和保存，阳坡比阴坡接受太阳辐射多而不利于积雪形成。

积雪形成后的发展和变化有三种情况：一是低纬度的海拔较低地区，整个冬季气温大都在 0℃ 以上，或者在 0℃ 上下波动，积雪不能连续存在；二是在中高纬地区和低纬度的海拔较高地区，只有隆冬气温持续处于 0℃ 以下，因而自隆冬开始降积雪才得以连续存在，到春季又被完全融化；三是高纬度地区和高海拔地区，冬季时间很长，气温普遍低于 0℃，积雪从冬季可一直持续到夏季。

4. 河冰和湖冰的形成过程

河冰和湖冰是河流和湖泊表面在冬季冻结而形成的冰体，普遍存在于北半球中高纬度地区和高海拔地区，具有显著的季节性特征，一般在冬季冻结，翌年春季消融，高纬度地区和极高山区可持续到夏季。结冰持续时间与年内月平均气温显著相关，同时也受到降水、风和太阳辐射等气象条件的影响。

1）河冰的形成过程

随着秋末冬初气温的逐渐下降，水体失热大于吸热，发生水体冷却。当水温降至 0℃ 并继续降温时，就具备了河冰形成的必要条件，但河水是否开始冻结还与水流状态有很大关系。如果水的流速很大或紊流强烈，则不易冻结，因而首先在河岸和水流较缓且紊流较弱的区域，过冷却水中首先形成细小的以柱状体为主的冰晶体（又称为冰针）。水中的冰晶体因比重小而上浮至水面，在水体表面形成并且聚集成水面上的一层连续薄冰，随着水体继续失热冰体不断增长，形成"岸冰"。在远离河岸流动较快的水流以及水流紊动强度较强的区域中，表面的冷却水通过水流混合，冰晶可以在水温为 0℃ 以下的整个水深范围内形成，随着水流的掺混作用冰晶相互碰撞、黏结，形成较大的冰花团或冰块并上浮至水面，并随着水流向下游方向漂流。随着气温不断降低，河道中的流冰密度逐渐增加，岸冰也向河道中心扩展，在合适的水力条件下（如流速相对较缓河段），浮冰在河面逐渐连成整体并进一步增厚和固结，形成冰塞而阻挡上游漂流的冰，使封冻河段不断增长。

实际上，由于河冰的形成、发展和消融取决于热力学、水力学、冰水二相流等多个方面的综合复杂作用，河水最初冻结形成的冰多式多样，如冰针、棉冰、冰花、冰屑、冰凇等。在过冷条件下河道底部的水内冰晶黏结于河床和水下物体上形成锚冰。通常情况下，大块河冰的漂流（冰凌）、冰塞和冰坝的形成，以及封冻河段的解冻和冰坝溃决洪水等具有更重要的实际意义。

2）湖冰的形成过程

相对于河冰，湖冰生消过程受动力作用的影响比较小，冰的生消过程在很大程度上受气-水界面、气-冰界面、冰内以及冰-水界面的热通量影响。湖冰一般在每年冬季形成，翌年春夏季消融。由于水体和陆地热容量的差异，湖水的冻结和湖冰消融都首先出现在沿岸区域。从秋季开始太阳辐射减弱、气温下降，湖水损失热量使得水温降低，当水温降到 0℃ 以下，湖水中产生冰晶时一般已进入冬季，但在高纬度地区和极高山区深秋季节就会开始结冰。湖表面的水结成湖冰时，由于冰的反照率远大于水的反照率，进入湖泊的太阳辐射将进一步减少，水体的热通量和太阳短波辐射的减弱加剧了湖冰的进一步发展。春季随着气温的回升和太阳辐射的增强，湖冰开始消融。

3.1.2　海洋冰冻圈的形成过程

海洋冰冻圈包括海冰、冰架、冰山和海底多年冻土。海洋冰冻圈主要分布于地球南北两极地区，其范围在冬夏季变化很大。中纬度某些近海岸区域某些年份也有海冰发育。

虽然海洋冰冻圈也是形成于寒冷气候条件下，但不同冰冻圈要素的形成条件和过程有所不同。

1. 海冰形成过程

海冰是指海洋表面由海水冻结形成的各种形态的冰。冷季来临气温不断下降，随着海水向大气释放热量，海水温度也随之下降，当海水温度达到冻结温度并进一步降温时，海水中开始有冰形成。

海冰按其发展过程可分为几个阶段：初生冰、尼罗冰、饼冰、初期冰等。海冰初生时，呈针状或薄片状分散的冰晶体；继而形成糊状或海绵状团聚冰体；进一步冻结后，成为漂浮于海面的冰皮或冰饼；大范围海面布满这种冰之后，便向厚度方向发展，形成大范围覆盖海面的灰冰和白冰。每个阶段海冰都有其特定的形状，但不同的海面条件会有不同的海冰现象。

1）初生冰

海水开始冻结时，首先形成分散的冰晶粒、冰针、冰片等，然后这些分散的冰体不断增多，并逐步聚集形成黏糊状、油脂状或者海绵状的海冰。初生冰阶段的海面多呈灰暗色且无光泽，遇微风不起皱纹。

2）冰皮

从初生冰到尼罗冰，中间会有一个过渡阶段——冰皮。冰皮可由初生冰继续冻结而成，也可由平静海面直接冻结而成。冰皮表面平滑而湿润，色灰暗，面积较大，厚度大约为5cm，在海风或海流作用下很容易破碎。

3）尼罗冰

当冰皮进一步增厚到10cm左右，此时的海冰开始变得比较有弹性，在外力作用下容易弯曲，但受力较大时还是会断裂破碎。简单地说，尼罗冰是最早具有承载力和大范围覆盖性的海冰。

4）初期冰

由尼罗冰增厚或碎块冰直接冻结而形成厚度约为10～30cm的冰层，多呈灰白色，弹性较差，在外力作用下会断裂，然后又会互相碰撞、挤压，形成冰块重叠或脊状形态。

5）一年冰

初期冰继续发展，形成厚度约为0.3～2m的冰层（在动力作用下有时可超过2m）。一年冰只经过一个冷季发展，在接下来的一个暖季完全融化。

6）多年冰

如果海冰在经历一个暖季后并不能完全融化，在第二个冷季又会有新冰生长叠加，若第二个暖季完全融化，就属于隔年海冰；若第二个暖季仍然不能完全融化，就属于多年海冰。

2. 冰架和冰山的形成过程

冰架是冰盖（也有个别巨大冰川）延伸到海洋漂浮的部分，因而冰架的形成与冰盖向海洋的扩展紧密联系在一起。当冰盖边缘到达海岸而冰盖还在进一步扩张时，陆地冰就会深入海洋，并且受到后续冰的补充和推动，向海洋延伸愈来愈远。由于冰的密度小于海水，这种与陆地冰相连而浮于海面的冰体称为冰架。冰开始脱离地面而漂浮的界限被称为 grounding line，中文曾有多种翻译，如接地线、落地线和触地线等，《冰冻圈科学词汇》（秦大河等，2016a）中为触地线。实际上触地线是一个带，因为随海浪作用的强弱，冰与地面的接触线在波动变化。虽然陆地冰的不断补给和推动，使冰架趋于向海洋一直扩展，但远离海岸的冰受海岸的锚固作用较弱，会在海浪作用下发生断裂而脱离冰架。冰架在一部分冰体脱离后又重新扩张，直至新的断裂发生。冰架的规模受陆地冰补给速率、海岸地形、海洋动力状况和气候等因素综合影响。

从冰架上断裂脱离后在海洋上自由漂浮的冰体为冰山。冰山存在的时间长短主要取决于冰体规模，巨大的冰山可以存在好几年。另外与漂浮运动的路线有关，漂流到温度较高的较低纬度的冰山融化消失较快。

冰架和冰山的主体都为来自陆地的冰川冰，其表面也常有降雪积存和由雪融化再冻结形成的冰，冰架底部也常有海水冻结冰附着，这部分冰被称为海洋冰，以区别海洋表面由海水冻结形成的海冰。

3. 海底多年冻土的形成

海底多年冻土实际上并不是在海底形成的，而是冰期时在陆地上形成的多年冻土，当冰期结束时海平面急剧上升而被海水淹没并保存下来的多年冻土。现存的海底多年冻土主要存在于北冰洋近海区域，在其他地区尚未发现。

3.1.3　大气冰冻圈的形成过程

按《冰冻圈科学辞典》定义（秦大河等，2016b），大气冰冻圈是指大气中的固态水体。由于大气中的水分主要集中在对流层，平流层下部水汽含量极微，可以将大气冰冻圈大致界定在对流层和平流层下部。大气冰冻圈物质组成包括此空间内的冰云和以固态降水形式降落的雪花、冰雹、霰等。

大气中水分变成固态形式的先决条件是温度低于 0℃，而固态水的最初形式是空气中的水汽和水滴由凝华和冻结作用而形成的微小冰晶。但是如果缺乏冰核（ice nuclei），即使温度低于 0℃很多，水汽和过冷却水滴也很难凝华和冻结成冰晶。因此，大气物理特别是云物理研究中关于大气中冰核以及冰晶形成是一个重要的课题。通俗的说法就是大气中首先得有众多细微的固体物质离子，然后水汽和水滴才能附着其上凝华和冻结成冰晶。由于这些固体物质扮演着水分成冰过程中凝结核的作用，因而称为冰核。冰核数量的多少（浓度）、物质成分、颗粒大小和物理化学性质等千差万别，从而使冰晶形成过程和冰晶尺寸等也出现多样化。不过，无论如何，最初形成的冰晶比起在地面和近地面见到的冰晶粒要微小得多，如果不再生长就继续浮在高空而不向下降落。

　　冰云是几乎完全由细小冰晶所组成的云，冰云所处位置很高，而且也不厚，其中所含水汽较少，云的温度远低于 0℃。冰云中因为水汽含量很少，冰晶形成后凝华增长缓慢，冰晶因稀疏而相互碰撞的机会较少，因此难以增长而形成降水。

　　固态降水则是构成大气冰冻圈的主体物质，其中降雪是固态降水中最为广泛的形式。降雪是空气中最初形成的细小冰晶不断生长变大而逐渐降落到地面的过程。降雪过程发生时除温度低于冰点外，空气中的水汽必须达到饱和状态，从而能够使水汽在冰晶表面凝结和冻结，或者直接凝华。不断增大的冰晶在重力作用下向地面降落途中会相互发生碰撞而黏聚合并，而且因温度、湿度、气压和风速等因素的变化，下落晶粒的尺寸、形状等也在不断变化中，到达地面时这些冰晶聚合体的形态和体积各有不同。雪花的种类和形态非常丰富，大的分类约十种，更细的分类达几十种之多。图 3.4 所示为不同温度

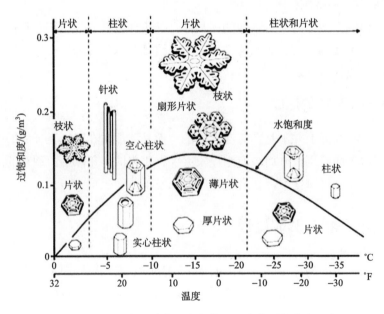

图 3.4　不同温度和过饱和度条件下形成的雪花基本形态

资料来源：http://earthsky.org/earth/how-do-snowflakes-get-their-shape

和过饱和度条件下形成的雪花基本形态。在空气温度显著低于 0℃ 的地区，如南极北极和极高山顶部，晶粒之间的黏聚很差，降雪为细小冰晶；在温度虽低于 0℃ 但却并不很低时，如中低纬度低海拔区域，晶粒下降过程中因表面水分并未完全冻结而使黏度增大，晶粒的聚合非常普遍，更易形成大颗粒雪和片状雪花。总体来说，降雪主要受气温和水汽条件控制，粗略地可以将气温 0℃ 以下范围看作潜在降雪区，在这个区域内只要有充沛的水汽即可能会有降雪发生。有一种特殊的降雪为晴空降雪，即在空气温度低而水汽含量很少时，即使形成冰晶也因数量小而不能形成云，因而在晴天也有细小冰晶从空中徐徐而降。特别是在南极内陆高原地区，一年中大部分时间都是晴空降雪。

冰雹是温暖季节或温暖天气时（近地面气温显著高于 0℃）富含水分的厚层积雨云（云层厚度常达数千米）在垂直向强对流条件下形成的固态降水。由于近地面气温高，云层下部水分主要为水滴，但云层上部温度却低于 0℃（−40～−20℃），在那里形成的冰晶因不断增大而下落，但在一定高度则受到上升气流作用又向上运动，如此不断往复。在下落和上升过程中周围冰晶和水滴又不断碰撞凝聚，体积持续增大的同时表面则反复出现冻结和融化（在负温区冻结，在正温区融化）。由于体积增大重量也增大，下落和上升的高度逐次下降，直至最终降落在地面。这种到达地面的固态降水大多为层状结构球形冰体，因此称为冰雹。其中夹杂的某些呈不规则形状的是球形冰体碰撞破碎或者多个球形冰体冻结在一起的结果。一般冰雹粒径数毫米至数十毫米，夹杂的冰块体积较大。由于近地面气温显著高于 0℃，冰雹降落时常伴有液态降水。

霰的形成过程与冰雹类似，但近地面气温稍高于 0℃，整个云层温度都低于 0℃，因而冰晶粒下降运动中融化很微弱，以至于降落到地面时为球形层状结构的雪团，但又因毕竟有融化-再冻结作用存在，这种雪团虽然不像冰雹那样坚硬，却又比一般的雪团坚实。出现霰降落的地方往往在中低纬度较高海拔区域，特别是在冰川上。

3.2　冰冻圈能量平衡

能量平衡不仅是控制冰冻圈形成的基本机理，也对冰冻圈形成后的物质平衡变化起着重要作用。前面在阐述冰冻圈形成过程时概念性地涉及能量平衡的控制作用，本节进一步就能量平衡原理和基本模型给予介绍。冰冻圈能量平衡包括界面上热量交换和内部热量传递两部分，但对冰冻圈形成和形成以后与外界的能量和物质交换来说，界面上的能量平衡最为重要，因此本节只针对界面上、特别是表面上的能量平衡。冰冻圈内部热量传递不仅直接决定温度场，也对水分迁移、力学性质和动力学过程有重要影响，内容极为丰富，将在第 5 章专门阐述。由于大气冰冻圈中各要素的能量平衡过程非常微观，直接观测资料欠缺，再加上基本属于微观冰物理学和大气物理学范畴，因而本节不涉及大气冰冻圈。

3.2.1　陆地冰冻圈能量平衡

陆地冰冻圈的形成和变化总是在地表与大气之间的能量交换中进行,地-气界面亦即陆地表面的能量平衡是决定陆地冰冻圈发育形式与规模、演化过程的基本条件。陆地表面能量平衡本质上就是某一时间段能量收入和能量支出之间的差额。如果能量收入大于支出,则意味着地表吸收能量而被加热,就不会有冰冻圈要素的形成,若有冰冻圈要素已经形成,则会温度升高甚至出现融化而损失冰量;如果能量支出大于收入,则地表失热而冷却,当冷却到冰点以后就会满足冰冻圈要素形成的热量条件,若有冰冻圈要素已经存在,则会出现新的水分冻结而使冰冻圈要素增长扩大;如果能量收入和支出刚好相等,则会保持原来状态。因此,能量平衡可表述为各种能量分量的代数和,其一般方程形式为

$$E_N = E_R + E_H + E_L + E_G + E_P \tag{3.1}$$

式中,E_N 为净能量平衡;E_R 为净辐射通量;E_H 为感热通量;E_L 为相变潜热通量;E_G 为地表以下热通量;E_P 为降水带来的热通量。关于能量平衡一般方程的表述,不同的论著并不完全一致,有的直接将其中的某些能量项分解表述,而且分解方式有所不同,各能量分量所用符号也不同。

在能量平衡表述中,指向地表的热通量被看作能量收入,为正值;离开地表的热通量为能量支出,是负值。但是式(3.1)中各能量分量前面并没有负号,原因在于各分量是随时间变化的,某些时候是正值,某些时候为负值,而且有些分量还需要进一步分解。

通常情况下,能量平衡中净辐射通量是最为重要的能量分量,其次为感热通量,相变潜热、表面以下的热通量和降水带来的热通量较小。

净辐射通量是短波辐射和长波辐射的代数和,因而又称辐射平衡,其中短波辐射主要为太阳直接辐射,其次为大气散射辐射,合起来又称入射短波辐射;长波辐射包括大气向地表的长波辐射和地表向大气的长波辐射。短波辐射和大气向地面的长波辐射为能量收入,地面向大气的长波辐射为能量支出,于是净辐射通量可表述为

$$E_R = R_S(1-\alpha) + R_{Ld} - R_{Lu} \tag{3.2}$$

式中,R_S、R_{Ld} 和 R_{Lu} 分别为入射短波辐射、大气向地表(向下)长波辐射和地面向大气(向上)长波辐射;α 为地表反照率。也就是说方程右边第一项为短波净辐射,又叫吸收短波辐射,后两项的代数和为长波净辐射,又叫有效辐射。由于入射短波辐射主要为太阳辐射,可以通过大气层顶辐射通量与天顶角、太阳高度角和太阳方位角进行理论估算,因而地面物质的反照率确定之后就可得到短波净辐射;如果知道空气和地表物质成分后即可确定他们的热辐射系数,于是根据温度条件就可用热辐射定律计算大气向地面和地面向大气的长波辐射。不过,由于对计算所需的有关参数往往只能粗略估计,这

样的计算结果只可作为大致参考，只有直接测量各辐射通量和反照率才能获得较准确结果。

感热通量源于空气和地面之间湍流热交换，但在湍流热交换过程中会伴随地面发生水分相变。因此，湍流交换热包括感热和相变潜热，但在有些情况下潜热通量很小，可粗略地将感热通量和湍流热通量看作是相同的。当气温高于地面温度时，空气向地面传热，感热通量为正值，反之则为负值。相变则与空气湿度有很大关系，只有空气湿度达到饱和时水汽才会向地面凝结或凝华，否则为地面向空气散失水分。通常情况下，无论是感热还是潜热，准确的直接观测都非常困难，因而湍流热交换理论计算方法长期受到格外重视。然而由于大气边界层及其温度、风速、湿度等参数的时空分布以及下垫面特征等多种要素的准确描述极为复杂和困难，计算结果的不确定性很大。近年来发展的涡动相关系统对估算湍流热通量具有较好的近似，这种设备目前在偏远和严酷环境下的冰冻圈区域也有应用。

陆地冰冻圈不同要素的物质组成、表面特征和所处的气候及地形等条件不同，能量平衡中各个分量的相对重要性和能量交换过程存在差异。

1. 冰川和冰盖表面能量平衡

冰川和冰盖表面基本都是雪或冰，它们的能量平衡原理和基本方程是相同的，只不过因气象条件的差异，各能量分量的相对重要性和数值有所不同，因而不再单独阐述冰盖能量平衡。

冰川表面的能量平衡决定着表面融化，因而通常将冰川表面能量平衡方程表述为

$$E_{SN} = E_R + E_H + E_L + E_P + E_G - E_M \tag{3.3}$$

式中，E_{SN} 为表面能量净平衡，与（3.1）式中的 E_N 是相同的，下标加了 S 是为了强调表面；E_M 表示雪冰融化耗热；其他与（3.1）式中的相同，也可以将 E_R 直接按方程（3.2）写出。如果是冷季，表面没有融化，则 E_M 为零，E_{SN} 为负值，表面雪冰层向大气释放热量；在消融季节，方程右边前面五项的和为正值，表面吸收的热量全部消耗于雪冰融化，因而 E_{SN} 为零。于是方程可改写为

$$E_M = E_R + E_H + E_L + E_G + E_P \tag{3.4}$$

式（3.4）通常被称为冰川消融能量平衡模式，但实际上这只是表面温度处于 0℃的情况，如果表面温度还在 0℃以下，则必定有一部分热量用于提高表面温度而非全部用于表面融化。不过，由于冰的比热很小，用于提高冰温的热量比起融化潜热要小得多（提高 1 单位质量冰的温度 1K 所需热量仅为同质量冰融化潜热的 6‰），一般可忽略不计。

研究表明，在冰川消融期，能量收入中最主要的净辐射通量，而其中的短波辐射又占据首位。如果消融期平均气温高于 0℃，则由湍流引起的感热通量为正值，意味着冰川表面从大气吸收热量；但由于大多数时间空气湿度小于冰川表面湿度，湍流引起的相变以升华和蒸发占优，潜热通量为能量支出。表面之下的热通量和降水带来热量非常小，

通常可被忽略。

依据方程（3.2），反照率是影响冰川表面短波辐射的关键因子，但与其他冰冻圈要素相比，冰川表面反照率的时空变化非常复杂。在空间上，冰川不同高度带表面特征在大部分时间都是有差异的，不仅物质不同（雪或者冰，雪型，杂质含量等），表面地形以及受周边地形影响也不一样，甚至往往同一高度不同地点表面特征也有差异，致使反照率的空间变化很大。就物质差异来说，新雪的反照率最大，可达 0.9 以上，洁净粒雪的为 0.8 左右，洁净冰川冰的为 0.6~0.7，融化状态冰的为 0.6 左右，含杂质雪和冰的则低于 0.5，岩屑等非冰质的更低于 0.2。在时间上，同样的高度或地点，不同时间反照率会有明显差异，因为即使消融期也时有降雪，随着融化的持续，各个地点物质状态在不断改变，等等。因此，反照率的单点观测和模拟推广到整条冰川上会存在很大误差，特别是中低纬度山地冰川。高纬度冰帽、南极冰盖和格陵兰冰盖表面较为均一，反照率的确定相对要容易得多。

冰川表面的湍流交换热有多种计算方法，比较普遍的是用块体空气动力学方法。块体空气动力学方法的前提是假设从冰川表面向上一定高度（一般取 2m）内的空气是充分混合的，因而将这一层空气可看作一个均匀的整体。于是，空气与冰川表面之间的感热通量主要取决于空气与冰川表面的温度差和风速，冰川表面的相变受湿度差和风速控制，从而可得到感热通量和潜热通量的计算公式为

$$E_H = \rho_a c_a C_H u(T_a - T_s) \tag{3.5}$$

$$E_L = \rho_a L_{v/s} C_L u(H_a - H_s) \tag{3.6}$$

式中，ρ_a 为空气密度；c_a 为空气定压比热；u 为风速；T_a 和 T_s 分别为空气温度和冰川表面温度；$L_{v/s}$ 为水的蒸发潜热或冰的升华潜热；H_a 和 H_s 分别为空气和冰川表面的湿度（一般用绝对湿度或比湿来表示，冰川表面上的湿度为饱和湿度），C_H 和 C_L 分别为整块空气的热量和水分交换系数，主要动力取决于空气涡动动力扩散系数和表面粗糙度。有研究认为 C_H 和 C_L 相差在 5% 之内，因而有时两者可以粗略地取同一个值。

式（3.5）和式（3.6）表明，在已知风速条件下，温度差和湿度差对感热和潜热起着决定性作用，于是通过温度梯度和湿度梯度计算湍流热通量也是一种可选择方法。若以 z 表示从冰川表面向上的空中高度坐标，类似于热传导，空气与冰川表面之间的感热通量为

$$E_H = K_h \rho_a c_a \frac{\partial T}{\partial z} \tag{3.7}$$

式中，K_h 为空气的涡动热扩散率。由于空气的湍流引起的热对流远大于静态下的空气分子热传导，K_h 通常高出静态空气热扩散率 5 个数量级，而且随高度 z 而变化，并非常量。方程（3.7）中因为采用的是温度梯度，并未限定气温随高度是不变的，而（3.5）则依据块体空气假设气温在整个层内是相同的。类似于感热通量，可得到潜热通量与湿度梯度的关系为：

$$E_{\mathrm{L}} = \rho_{\mathrm{a}} K_{\mathrm{w}} L_{\mathrm{v/s}} \frac{0.622}{P} \frac{\partial e}{\partial z} \tag{3.8}$$

式中，K_{w} 为空气的涡动水分扩散率；P 为气压；e 为水气压。与 C_{H} 和 C_{L} 一样，K_{h} 和 K_{w} 也与空气涡动动力扩散系数和表面粗糙度有关，而涡动动力扩散系数又与风速梯度和涡动黏滞系数相关联。

总体上来说，无论是用块体空气动力学方法还是温度和湿度的梯度法，都做了粗略的假设条件，而且某些参数必须通过实地观测才能得到，如温度、湿度和风速的分布，但有些参数却是无法现场测量的，如表征空气热量和水分的涡动交换的特征参数（C_{H}、C_{L}、K_{h} 和 K_{w}），尽管与他们相关的涡动动力扩散系数已经有大量的模拟实验结果可提供参考，但表面粗糙度又是非常复杂的。冰川表面粗糙度除了与表面地形有关外，还受表面物质特性（不同类型的雪、冰和杂质等）影响，变化范围比较大，目前尚无很有效的解决办法。幸运的是，如前面所述，涡动相关系统目前已在某些冰川上有实际应用，通过涡动相关方法和理论计算的结合，可提高冰川上湍流热交换估算的准确性。

2. 冻土表面的能量平衡

地表的能量平衡状态和结构决定了土层的温度状态，因此也决定了季节冻土、多年冻土的形成及动态变化。在中高纬度地区，一年伴随着季节的更替，到达地表接受的辐射量、地表反照率、蒸发等都发生着很大的变化。一年中吸收的太阳辐射的变化可达 $10\sim20$ 倍，蒸发潜热可达 60 倍以上，感热通量可达 $2\sim3$ 倍以上。

在冻土地区，太阳直接辐射夏季达到最大，冬季最小，当地表有积雪存在时地表吸收的辐射几乎减小到零。夏季，有效辐射远小于吸收辐射，辐射平衡为正值，且数值很大，土层处于吸热状态，地表一般为正温；冬季，吸收辐射急剧变小，辐射平衡为负值，土层处于放热状态而降温，当地表温度低于 0℃时，地表冻结，蒸发和感热交换接近于零。因此，蒸发和感热对形成地表正温有重要意义，而有效辐射对形成地面负温有主要影响。

在我国，净辐射年总量在大兴安岭地区（$47\sim48°$N 以北）小于 $1675\mathrm{MJ/m}^2$，但冬季（11 月至次年 2 月）为负值，12 月份最小，在兴安岭北部为 $-80\mathrm{MJ/m}^2$，0 值等值线大体与北纬 $40°$ 线接近。辐射平衡自南至北的变化趋势是形成大兴安岭气温年较差大且随纬度增高而增大的重要原因之一，此区域内形成的冻土从北向南依次为连续多年冻土、不连续多年冻土、季节冻土。青藏高原的净辐射年总量约为 $2512\sim2250\mathrm{MJ/m}^2$，且全年为正值，自西南向东北逐渐减少。

冻土反照率在局地空间上的变化虽然没有冰川的大，但由于冻土区面积巨大，大范围内地表状况也有很大差异。冻土区地表状况大的方面主要取决于植被覆盖度和植被类型。在裸土或非常稀疏植被情况下，影响地表反照率的因素主要为土质类型和表层土湿度。影响植被下垫面反照率的因素较多，机理也很复杂，除土壤湿度外，植被形态（可用粗糙度来表征）和生理作用（如叶面积大小）非常重要。

　　引起冻土区地表反照率具有很大变化特性的一个最重要因素是积雪。由于积雪反照率极高，时空变化又大，使冻土区反照率的变化非常复杂。因此，冻土反照率是和积雪及其反照率变化紧密联系在一起的。

　　冻土区的蒸发潜热主要发生在地表为非冻结状态的季节。蒸发量的增大会消耗吸收的辐射能量，降低地表及土层温度，减小地表温度年较差。在干旱地区，蒸发量较小，年较差一般较大。同样，蒸发量不同，冻结深度、融化深度也会不同。我国蒸发潜热年总量的分布东部大于西部，南部大于北部，东北地区在 $840MJ/m^2$ 以下，青藏高原西部一般为 $210\sim420MJ/m^2$，高原东部可达 $420\sim840MJ/m^2$。

　　地表与大气之间的感热通量也是冬季最小，夏季最大。在冻土区，冬季的感热通量为负值。在干旱地区，感热通量相当于辐射平衡值的 $64\%\sim75\%$，青藏高原蒸发潜热和感热消耗了辐射平衡总量的 98% 以上，因而尽管辐射平衡值很高，但是仍然有多年冻土广泛发育。

　　地表温度与气温之间的差值 ΔT 通常称为"辐射修正"，其值的大小与气候条件、下垫面有关。在降水量超过蒸发量的北极和亚北极带，ΔT 通常为 $0.2\sim0.5℃$，而局部也可达到 $1\sim1.5℃$。在干旱地区，其值可达到 $1.5\sim3.0℃$，在我国青藏高原其值通常在 3℃ 左右。在冻土区，辐射修正还受到地表植被覆盖及土层性质的影响，其通用的形式可写成：

$$\Delta T = \Delta T_s + \Delta T_v + \Delta T_p \tag{3.9}$$

式中，ΔT_s 为积雪影响的温度偏差；ΔT_v 为植被影响的温度偏差；ΔT_p 为降水及土壤入渗等水分影响的温度偏差。

　　积雪对地表温度的影响主要体现在三个方面：一是积雪表面极高的反照率，极大地降低了土层吸收的太阳辐射；二是积雪层较低的导热性，在土层之上形成保温层，使得土层与大气之间的传导热交换变得缓慢；三是积雪的融化潜热消耗了较大的能量，有利于土层保持较低温度。积雪对地表温度影响的效应与积雪的厚度、积雪的形成和保存时间密切相关。积雪较薄时，对地表起着降温作用；积雪较厚且存在时间较长时，其保温作用较强；秋季积雪对土层热量的散失起着阻碍作用，滞缓了土层的降温过程；春季积雪则阻止土层的吸热，滞缓土层的升温过程。

　　植被对地表温度的影响也有三种主要情景：第一，植被种类、覆盖度及高度改变着地表辐射能量平衡结构；第二，植被层的隔热作用改变了进入地表的热流；第三，植被在相当程度上调节着地气之间的水分交换，影响潜热通量。森林区域的年辐射平衡总量一般大于无森林区域，但森林对太阳辐射到达地面有遮蔽作用而使地表温度有所降低。草本覆盖植被对地气热交换的影响相对较小，一般不会超过 1℃。苔藓、地衣泥炭类植被夏季阻碍热量进入土体，虽然冬季也阻碍土层向大气散热，但整体上对地表有降温作用。

3. 积雪表面的能量平衡

积雪表面的能量平衡与冰川表面类似，只不过积雪是季节性存在，其表面能量平衡随着积雪存在期间的性质改变发生变化。积雪的反射特征是积雪能量平衡中最为重要的部分。

新雪反射率很大，而积雪所含的杂质，特别是积雪表面的杂质，对反照率影响极为重要，因为这些杂质大多具有显著的吸光性，如粉尘、黑碳、有机质等。随着气温升高，消融量增加，雪中污化物向表面集中，使得表面颜色变暗。由于雪的变质作用，雪粒增大，颗粒形状变圆，因此，雪面反射率随着气温的升高而降低较快。雪面波纹对反照率影响较为显著，面向太阳直接辐射的雪面波纹面会增加短波辐射的吸收，相反面则只能接收到散射辐射。另外，从波纹面反射的光线还会被相邻波纹面所阻挡或吸收，最终导致积雪的反照率减小。地形对积雪反照率的影响体现在太阳高度角的改变上，这种改变在日变化的影响上尤为显著。

与冰川表面的能量平衡类似，积雪的融化潜热也是积雪能量支出的主要部分。积雪消融是指雪水当量的净体积减小量，其过程包括：①积雪温度升高直至达到 0℃；②积雪开始融化，积雪融水仍然保持在积雪中；③积雪融水从积雪中输出。这个过程主要受空气与积雪接触面能量交换的影响，是复杂的动态过程，其中涉及反射率、表面能量交换、内部热传递、表面温度和融水的快速变化。直接确定积雪融化热的方法还不成熟，目前较多的研究是关注积雪融水量，而融水量又依据净能量通量推算，其方程与冰川消融能量平衡式（3.4）一致。积雪表面的感热通量和潜热通量同样也可根据式（3.5）和式（3.6）所描述的空气动力学方法计算。

4. 河（湖）冰的能量平衡

河冰和湖冰表面能量平衡的原理和过程与冰川和积雪是基本相同的，因为其表面物质也为冰和雪。但河冰和湖冰是季节性存在的，而且在不同的时期表面特征不同。特别是在形成期和解冻期，河冰并不是封盖于河面的整体，而且分散漂浮的众多冰体除了体积和形状差异很大外，还处于不同的运动状态，很难分别对各个冰体进行能量平衡研究。所以，河冰和湖冰表面能量平衡研究主要针对大片覆盖或完全覆盖河面和湖面的冰。

与冰川和积雪不同的是，河冰和湖冰因为存在于水中，底部冰-水界面能量平衡也需要研究，与海冰的情况比较类似。鉴于下一小节对海冰底部能量平衡要专门阐述，这里河冰和湖冰底部能量平衡不再单独阐述。

3.2.2　海洋冰冻圈能量平衡

海洋冰冻圈要素包括海冰、冰架、冰山和海底冻土，但对海底冻土至今尚未有直接观测研究结果，对冰山的研究主要限于分布和形态等方面，因此这里仅对海冰和冰架的能量平衡基本概念给予介绍。

由于海冰和冰架存在于海水中，它们与海水之间的能量交换也很重要，必须对表面和底部的能量平衡都进行研究，尽管表面能量平衡是最为重要的。海冰和冰架的表面能量平衡与冰川和积雪一样，其基本方程仍然可由式（3.3）表示。海冰的融化也是海冰能量平衡和物质平衡关注的重点，因而对海冰融化期也可用如同冰川消融期能量平衡方程式（3.4）表述。冰架表面液态降水极少，降水直接带来的热量所占比例也很小，通常都可忽略。海冰的情况比较复杂，靠近南极大陆和北冰洋中心地带液态降水很少，但随着纬度降低，暖季液态降水会增加。冰架表面以下雪冰层中热量交换过程主要为热传导，因雪冰导热性差，这部分热通量所占比例也很小。海冰内部与表面的热量交换既有传导，也有融水作用，依然是比较复杂的。无论如何，不同天气条件和雪冰表面状况下的净辐射、感热和潜热始终是海冰和冰架表面能量平衡的重点。

海冰和冰架的底面与海水相接触，其能量平衡取决于冰与海水之间的热量交换、冰内热通量和海水与冰之间的热力和动力过程，其结果决定着底部界面的相变（海冰融化或海水冻结），从而底部能量平衡方程为

$$E_{BN} = Q_i + Q_w + Q_D = Q_L \tag{3.10}$$

式中，E_{BN} 为底面净能量平衡；Q_i 为由冰内与底面之间的热量传递；Q_w 为海水与底部冰温度差所导致的冰-水之间热量交换；Q_D 为海水运动产生的热量；Q_L 为底部界面的相变潜热。

以下对海冰和冰架的表面和底部能量平衡几个重要分量分别予以阐述。

1. 表面净辐射通量

与陆地冰冻圈类似，净辐射通量是海冰和冰架表面能量平衡中最主要的能量，由短波净辐射和长波净辐射组成。短波净辐射主要取决于到达表面的太阳入射辐射和表面的反射能力。由于入射短波辐射可以根据大气层顶太阳辐射通量与天顶角、太阳高度角和太阳方位角计算得到，反射能力的确定就成为净短波辐射的关键。因为冰架表面基本都为雪层，而且雪层厚度也比海冰雪层厚度大，表面也平坦光滑，依据典型雪型的反照率相对较易确定冰架表面的反射通量。海冰表面并不总是有雪层覆盖，而且即使是雪层，干雪和湿雪反照率有明显差异。海冰表面起伏和破碎程度变化较大，再加上有融池存在的话，反照率在空间上有很大变率。无雪覆盖的海冰表面，初生冰、一年冰和多年冰因表面粗糙度和颜色（受盐分、气泡和冰厚度等诸多因素影响）等差异也导致反照率不同。所以，海冰反照率时空变化比较大，需要丰富的观测资料支持才能较好地确定海冰净短波辐射通量。

长波辐射遵从热辐射定律，空中向海冰和冰架表面的长波辐射主要来自云层和大气中的一些温室气体等物质，表面向空中的长波辐射则源自雪冰体，其中温度是决定性因

素。相对来说，雪冰向空中的长波辐射在知道气温和雪冰温度情况下较易通过辐射定律大致确定，但空中向雪冰表面的长波辐射却因大气中各种物质成分和温度剖面不易获得而难以确定。不过，相比于净短波辐射和雪冰的长波辐射，空中向雪冰表面的长波辐射所占比例要小很多。

2. 感热通量

感热通量是大气与雪冰表面之间的湍流热交换的主要组成部分。海冰和冰架表面湍流热交换与冰川和冰盖表面的情况类似，取决于大气边界层湍流运动的状况，与温度、风速、湿度、表面粗糙度等许多因素有关，可以依据空气动力学理论进行计算，但难以获得各个参数准确的值。观测方面只有在涡动相关系统设备应用以后才得以进行估算。无论如何，感热通量通常是仅次于净辐射辐射通量的能量通量，必须重视。

3. 潜热通量

潜热通量源于湍流交换引起的雪冰表面相变潜热，包括雪冰升华、表面水的蒸发和水汽在雪冰表面的凝结和冻结。在不同天气条件下和不同季节，相变类型以及他们在表面能量平衡中所占比重差异很大。

由于海冰和冰架主要分布在南极和北极地区，而且海冰还是处于不断运动状态，能量平衡现场观测难度大，即使有些观测，持续时间也较短。

4. 冰内与底面之间的热通量

海冰和冰架冰内与底面之间的热交换取决于冰内接近底面的温度梯度。在冰内温度低于底部界面温度的情况下，存在着热量通过底部界面向冰内传导，于是：

$$Q_i = -\frac{\lambda_i}{\rho_i c_i}\left(\frac{\partial T}{\partial y}\right)_B \tag{3.11}$$

式中，λ_i、ρ_i 和 c_i 分别为海冰或冰架冰的热导率、密度和比热；$\left(\dfrac{\partial T}{\partial y}\right)_B$ 为底部冰的温度梯度，其中，T 为温度，y 为竖向坐标。显然，在底部温度梯度为零（底部为等温冰层）的情况下，不存在冰内与底部界面之间的热量传递。

5. 冰-水之间温度差作用

若底部冰与海水之间存在温度差，则由温度梯度导致冰与海水之间出现热量交换，是海冰和冰架底部冰-水之间最主要的热通量。与冰架相比，海冰的厚度很小，海水表面温度和海冰底部温度变率较大，特别是在海冰形成期和消融期，底部冰与海水出现温度差的情况比较普遍。海冰形成期海水降温到冰点以下才结冰，而且还继续进一步降温，海水温度比刚形成的冰的温度低。消融期到来，无冰覆盖海面受天气回暖影响升温较快，暖水与冰下水对流又提高冰下水温度；同时，随着表面融化的持续，海冰减薄，融水进入海水和穿透辐射增强使冰下水表面温度升高，从而使冰下水温度高于冰温。海冰底部界面附近海水温度梯度导致的热量传递可用类似于式（3.11）的描述，只不过温度梯度、热导率、比热和密度需要换成海水的值。冰架接近底部界面的海水是否存在温度梯度，不易直接测量和推断，但依据冰架冰芯样品观测，许多地点存在底部海水的冻结，说明温度梯度是存在的，因为冰架厚度很大，表面能量平衡变化向底部传播非常微弱，底部冰主要受海水影响。

6. 海水运动生热

海水运动与冰体底面摩擦会产生热量，其值与海水和冰的运动速度差、海水温度和冰-水之间摩擦系数等有关，但现实中海水接近海冰或冰架底部界面的运动状况很难确定。另外，相比于底部界面的相变潜热，一般情况下海水运动生热要小很多。

7. 底部相变潜热

底部相变源于底部冰内的温度梯度和冰下海水温度梯度以及海水运动导致的热通量的综合作用。上面的阐述表明，海水与底部冰之间的温度差所起的作用最为重要。底部界面的相变潜热 Q_L 可表示为

$$Q_L = B\frac{L}{C} \tag{3.12}$$

式中，B 为底部融化或冻结速率；在融化情况下 L 和 C 分别为海冰或冰架冰的融化潜热和比热，在冻结情况下为海水的冻结潜热和比热。

3.3 冰冻圈物质平衡

物质平衡既是表述冰冻圈形成以后物质增加或减少状态的概念，又包含物质变化的过程。简单地说，冰冻圈物质平衡就是指冰冻圈物质收入和支出之间的关系及其变化。气候和其他环境条件变化以后，冰冻圈最直接的变化就是物质平衡变化，继而使冰冻圈形态和规模等发生变化，冰川、冰盖、冰架等冰冻圈要素形态和规模的变化还需要经历复杂的运动和动力学过程。不同冰冻圈要素物质平衡过程有所不同，大多数冰冻圈要素物质减少的主要原因是界面上发生融化而使物质流失。冰冻圈的物质增加有些是以固态降水补给为主要方式，有些则以界面上水分冻结为主。由于界面上的相变受控于能量平衡，冰冻圈物质平衡与能量平衡紧密联系在一起，因此，在冰冻圈物质平衡模式中，能量平衡是至关重要的，有些甚至直接就是能量平衡模式。

大气冰冻圈的物质增减变化主要在于各个冰晶体的形成以及其后的生长过程，属于微观冰物理和大气物理过程，在此不予阐述。

3.3.1　陆地冰冻圈物质平衡

陆地冰冻圈虽然都发育在陆地上，但不同冰冻圈要素的物质平衡过程和特征有很大差异，冰川和冰盖的物质平衡中固态降水带来的物质收入和表面融化导致融水以径流方式流失的物质支出都极为重要（冰盖向冰架输送冰量是主要的物质支出），对积雪物质平衡研究则主要着眼于融化过程，对冻土物质主要研究土层内变化，对河冰和湖冰更为关注解冻过程。

1．冰川和冰盖物质平衡

1）物质平衡基本概念

冰川（冰盖物质平衡概念与冰川相同）物质平衡定义为冰川上物质的积累（c）与消融（a）之间的差值，用 b 表示，则 $b=c-a$（也可以定义为积累和消融的代数和，积累为正，消融为负），b 大于 0，物质增加，反之则物质减少。若持续性物质增加或减少，则必然使冰川体积增大末端前进，或者冰川体积减小末端退缩。

冰川积累（accumulation）是指冰川收入的水分（以固态为主），包括冰川表面的降雪（雨）、凝华、凝结、内部积累以及由风力和重力作用导致的来自从冰川外的风吹雪和雪崩等。需要指出的是，消融区的液态降水因沿冰面流失而不计入积累（积累区液态降水会渗入雪层而不流失），雪崩等带来的岩石碎屑、灰尘或其他物质通常并不计入积累。

冰川消融（ablation）是指冰川上雪冰物质以及液态水的所有损失，包括冰雪融化形成的径流、蒸发、升华、冰体崩解、流失于冰川之外的风吹雪及雪崩等。在冷型冰川上，部分融水下渗后重新在粒雪、冰面或裂隙中冻结，这部分融水不造成冰川的物质支出，称之为内补给。

在冰川物质平衡研究中常用的一些术语还有总积累、总消融、净积累、净消融、净物质平衡、累积物质平衡和比物质平衡等。冰川某一地点某个时段有积累而另一时段有消融，整个冰川上某一区域某一时段为积累而另一时段为消融，因而把某一点或某一区域在某一时段的所有物质收入累加称为总积累，所有消融累加称为总消融，而总积累和总消融的差额称为净物质平衡，若净物质平衡为正则称为净积累，反之则称为净消融。可见，一般所说的物质平衡实际上就是净物质平衡，把多个连续时段的净物质平衡累加起来就是累积物质平衡，以反映某一较长时期内物质损失或增加总量。由于冰川规模大小有差异，常用单位面积物质平衡表示某条冰川的物质平衡特征，英文为 specific mass balance，直译为比物质平衡，也可叫单点物质平衡。用单位时间物质平衡更能反映物质平衡水平，因此又有物质平衡（速）率（specific mass balance rate）这个术语，相应地还有积累（速）率和消融（速）率。

物质平衡（速）率：在冰川单位面积内的垂直柱体上，物质平衡（速）率（$\dot{b}$）可分为表面物质平衡（速）率（$\dot{b}_s$）、底部物质平衡（速）率（$\dot{b}_b$）与内部平衡（速）率（$\dot{b}_{in}$），即

$$\dot{b} = \dot{b}_s + \dot{b}_b + \dot{b}_{in} \tag{3.13}$$

通常表面物质平衡（速）率是最为主要的，内部物质平衡（速）率很小，当冰川底部与底床冻结在一起时底部物质平衡（速）率为零。但在某些情况下，如地热异常区底部冰融化显著，有冰下湖泊时底部水与冰之间可能存在相变，冰川滑动速度较大时底部融化也比较重要。

整条冰川物质平衡：假定整个冰体的物质为 M，其投影面积为 A，则 M 变化率可表示为

$$\frac{dM}{dT} = \int_A (\dot{b}_s + \dot{b}_b + \dot{b}_{in}) dA - \dot{B}_c \tag{3.14}$$

式中，$\dot{B}_c$ 表示冰川末端或冰盖边缘因冰崩等引起的单位时间物质损失，将该式在某时段内积分即得到该时段物质平衡。

冰川表面物质平衡：大部分冰川的物质收支取决于表面的物质交换水平。表面物质平衡主要取决于降雪、消融（是指雪冰融化后融水以径流方式流失，而不是指融化过程）、雪崩沉降物、再冻结速率、升华、风积物等。很多情况下，降雪和消融在物质收支方面处于主导地位。

冰川内部物质平衡：冰川内部的积累包括渗入冰川表面雪层的融水、降水的再冻结、流入冰裂隙的水体再冻结，以及注入冰川底部缝隙中的融水再冻结。冰川内部也会发生融化消融，引起融化的能量来源包括水体携带的热量、冰体形变和近表面的太阳辐射。

冰川底部物质平衡：冰川底部物质平衡受控于底部界面上的能量平衡（E_{BN}），可定义如下：

$$E_{BN} = Q_G + u_B \tau_B + \lambda \left(\frac{\partial T}{\partial z} \right)_B \tag{3.15}$$

式中，Q_G 为地热通量；$u_B \tau_B$ 为冰床滑动摩擦耗散而增加热量，其中 u_B 为底部滑动速度，τ_B 为底部剪切应力；$\left(\dfrac{\partial T}{\partial z} \right)_B$ 为底部冰的温度梯度，其中 T 为温度，z 为竖向坐标；λ 为冰的热导率。

冰体崩解：冰体崩解是指冰川边缘一部分冰体断裂坍塌与主体分离，可简称冰崩（但"冰崩"一词实际所指比较广泛，比如冰川后壁冰体的崩落、冰瀑布区的冰体崩落等也属于冰崩范畴）。因为冰架是冰盖在海洋的延伸部分，冰架崩解成冰山有时也被认为是冰盖的消融。南极冰盖表面融化极其微弱，边缘和冰架崩解占物质总消融90%以上，格陵兰冰盖的冰崩也超过了总消融的50%。

2）物质平衡观测

冰川物质平衡观测常用的方法有花杆-雪坑法、大地测量法、重力法和水文学方法等。花杆-雪坑法亦被称为传统冰川学方法，是应用最为广泛的基础方法。该方法是通过定期测定花杆高度变化和雪层剖面变化计算该点某一时段内净物质积累平衡，将所有单点结果绘制在大比例尺地形图上，然后插值得到等物质平衡值线，或这插值得到等高线物质平衡分布，从而获得整条冰川这一时段内净物质平衡。

大地测量方法过去比较多的是通过重复立体摄影测量比对而获得两次测量期间冰川物质增加或减少总量，近年来则更广泛地运用数字高程模型（digital elevation models，DEMs）相减得出的表面高程变化来计算总物质变化。

重力法是利用重力测定仪或重力卫星监测冰面重力矢量的微小变化，进而推算出冰面物质变化。水文学方法主要是基于水量平衡，通过对从冰川流出的水量进行观测计算冰川消融量，再依据气象观测计算冰川区降水量，最后得到冰川物质变化量。

3）物质平衡模拟

如前所述，通常情况下，冰川物质平衡主要由表面物质平衡所决定，而表面物质平衡中表面消融是最主要的物质支出，因此可以通过能量平衡方程计算出表面消融量。需要注意的是依据能量平衡方程计算出的是融化量，在消融区因融水基本以径流方式流失，融化量可看作是消融量；在积累区最下部亦即图 3.1 中附加冰带，一部分融水向下游流失，一部分重新冻结形成附加冰为物质收入；再向上到湿雪带，小部分融水流经附加冰带以后也注入冰面径流而损失，但大部分融水渗透到雪层中成为内补给，到积累区中上部融水则全部成为内补给。因此，可用能量平衡方程模拟计算附加冰带和消融区的消融量，对附加冰带以上的区域，用降水量减去估计的蒸发、升华和融水损失即可认为是积累量，从而得出整条冰川的物质平衡。

依据能量平衡原理估算冰川消融量主要有两种方法：一种是度日模型，另一种是能量平衡模型。度日模型是基于气温高于融点（亦即高于 0℃，又称正温）时大气向冰川表面传热而引起雪冰融化的认识，建立气温与消融之间的相关关系，然后依据暖季气温观测资料计算冰川的消融量。由于大量的观测资料的统计相关分析表明，正积温与消融量之间具有线性关系，因而将当天的正温乘以相关系数即可得到这一天的消融量，故称度日模型，其形式为

$$M = \begin{cases} \text{DDF}(T_a - T_0) & T_a > T_0 \\ 0 & T_a \leqslant T \end{cases} \tag{3.16}$$

式中，M 为日消融量；DDF 为度日因子（相关系数）；T_a 为日平均气温；T_0 为雪冰融化温度（一般取 0℃）。将所有消融日的消融量累加起来即可得到整个消融期的总消融量。

度日模型仅需要气温数据作为输入，简便实用，但它仅将雪冰融化简单地归结为气

温主导的过程，与实际有明显偏差。鉴于消融期能量平衡中短波辐射是最为重要的能量收入，近年来出现将短波辐射因子加入的改进度日模型，使模拟效果明显提高。目前也有各种简化能量平衡模式不断涌现，虽然只考虑其中相对比较重要的能量通量，但比度日模型进一步。然而，无论如何，式（3.4）或式（3.4）全分量能量平衡模型具有严谨的物理基础，尽管模型非常复杂，某些参数的获取难度很大，却代表了能量-物质平衡模拟研究发展的方向。

2. 其他陆地冰冻圈要素的物质平衡

积雪的物质平衡分量包括降水（固态和液态）、升华/再冻结、蒸发/凝结、融雪，以及风吹雪，其中降水是积雪物质的来源，融雪则是积雪物质的损失，蒸发与凝结、升华与再冻结是两个同时发生的过程，即雪中液态水不断蒸发的过程伴随着水汽凝结过程，冰晶升华的过程伴随着水汽再冻结过程，而风吹雪是积雪在水平空间上再分配的过程。积雪的物质平衡可表示为

$$\Delta M = P - S + F - E + C + B - R \tag{3.17}$$

式中，ΔM 为积雪总物质变化量，不仅包括了雪层中的固态水（雪粒和冰片），也包括了液态水含量；P 为降水；S 和 F 分别为升华和再冻结；E 和 C 为蒸发和凝结；B 为风吹雪的迁移量；R 为融雪量。此处需注意的是 R 为融雪水从雪层中流出的量，如果仅仅发生相变，但是水分依然保持在雪层中时，只是增加了雪层的液态水含量，雪层物质保持不变。要准确地获得上式中的每一项，实际上是极为困难的，因而一般更关注积雪融化期的融化量。对积雪融化的模拟与冰川上融化模拟是一致的，这里不再重复。

河冰和湖冰形成以后，随着冰面与大气的能量交换、降水补给和底部的冰-水能量交换，冰面和底部会有冰体物质增加或减少。通常情况下，只有对完全封冻的河冰和大片湖冰才能根据降水、表面和底部能量交换判断冰体的增长或减少。破碎漂流的冰块是难以表述其物质平衡的。河冰和湖冰物质平衡一般用厚度变化来表述，比较简单和实用的方法也是度日模式法，即忽略冰下相变，仅考虑表面因气温变化导致的相变，然后再加上降水因素。

冻土的物质交换主要都在冻土层内部，所以冻土研究并不关注物质平衡。

3.3.2 海洋冰冻圈物质平衡

1. 海冰物质平衡

海冰物质平衡是指海冰表面、底面和内部物质的增减变化过程。在海冰上表面，物质平衡主要与雪层或冰面的物质积累和融化过程有关，底部主要与海冰融化或海水冻结活动有关。海冰由多相物质组成，受热力影响，海冰内部也可发生由相变引起的物质变化，体现为卤水泡的扩张或冻结。因此，海冰的物质平衡过程实际上是海冰表面、海冰

内部和冰水界面的水热耦合过程，由表面能量-物质平衡、冰体内部热量传导和冰水界面能量平衡所控制。

海冰表面融化消耗的热量也取决于表面净能量平衡，仍然可用式（3.1）或式（3.3）表述。海冰表面融化产生的融水在海冰比较破碎的情况下基本上会流失到海水中，为重要的物质损失；但在海冰厚度较大且裂隙较少时则会积存于表面，部分也会渗入雪冰层内，这种情况下表面融化并不引起物质损失。

降水是表面最主要的物质收入，其他物质收入包括水汽在表面的冻结和凝结。表面升华和蒸发则为物质损失。

海冰内部热量状况主要决定内部相变和影响边界上热量传递，并不改变内部物质质量。

底部融化或者冻结由界面上能量平衡所控制，如果不考虑海水运动的摩擦热量，底部融化或冻结速率可由根据式（3.10）、式（3.11）和式（3.12）确定。

从宏观尺度看，一定海域范围内的海冰输入、输出，也称为海冰的物质平衡。大尺度（如海盆尺度）的海冰物质平衡主要通过卫星遥感测量其冰舷高度，再基于静力平衡理论计算出海冰物质平衡。

在北极研究中，海冰的物质平衡更多的是指大尺度海域海冰的输入和输出（亦即有多少海冰运动到该海域，有多少运移出该海域），以及不同海域间海冰流通量的变化。如果海冰输出较多，意味着海冰存留量的减小，到下一个冬季结冰范围会增多。但是海冰输出较多，海水的盐度就要升高，同样温度条件下结冰会减少。由于海冰厚度难以观测，目前对海冰质量的补充与平衡的了解非常贫乏。从多年时间尺度上，最大海冰量和最小海冰量的变化具有重要意义。这种多年变化也可看作是海冰物质平衡的变化。海冰量的多年变化首先是对气候变化的直接响应，其次也受到河流、风场、经向热输送等过程的影响。

海冰物质平衡可以通过布放冰基物质平衡浮标、锚系仰视声呐，定点海冰/积雪厚度观测得到。内部的相变则需要钻取冰芯并测量其物质组成得到。海冰厚度是反映海冰物质平衡最重要的参数，是海冰物质平衡最直接的反映。目前，国内外海冰厚度监测方法大致可归纳为三类：第一类为直接测量法，如钻孔测量方法，这类型测量方法具有精确度高，可靠性强等优点，但是无法达到实时监测的要求，同时也有工作量大，效率低下等局限。第二类是雷达探测、声呐探测、卫星遥感和电磁感应测量等，但都在探索发展阶段。例如，卫星遥感对冰厚的观测精度还不高，利用高度计数据反演所得的海冰冰舷高度精度仅可达 10cm 量级，超过了海冰厚度的日变化量。第三类是地磁学物理探测方法，如超声波探测法，这种测量手段的缺陷也是误差过大。

2. 冰架物质平衡

冰架表面的物质平衡的表述与冰川和冰盖积累区表面物质平衡本质上是一样的，积累主要为降水（以降雪为主），其次为水汽在表面的冻结和凝结；消融主要为升华和蒸发，当有表面融化时融水或者在雪层中下渗，或者滞留在表面，并不造成物质损失。

冰架底部的物质平衡完全有能量平衡所控制，当冰体从海水中获得热量时会产生融化而损失物质，当冰体损失热量时则会有海水冻结而使物质增加。

因此，如果不考虑冰体水平运动，在整个竖向剖面上的物质平衡 b 为

$$b = b_s + b_b = P + F + C - S - E - M_B + F_B \qquad (3.18)$$

式中，b_s 和 b_b 分别为表面和底部物质平衡；P 为降水；F 和 C 分别为水汽在表面的冻结和凝结；S 和 E 分别为表面的升华和蒸发；M_B 和 F_B 分别为底部的融化和冻结。

由于冰架的水平运动速度常达每年数百米甚至上千米，某一竖向剖面上流入和流出的冰通量是否相等也对该剖面物质平衡有一定影响，所以可以将竖向上物质平衡表述为

$$\frac{\partial}{\partial t}(\overline{\rho_i}H) = b_s + b_B - u\frac{\partial}{\partial x}(\overline{\rho_i}H) - f(\dot{\varepsilon}) \qquad (3.19)$$

式中，H 为冰厚度；$\overline{\rho_i}$ 为竖向剖面上的平均密度；t 为时间；u 为冰体水平运动速度；$f(\dot{\varepsilon})$ 为冰体蠕变变形导致的冰体水平扩展（纵向应变率），具体参见第 4 章冰架动力学章节。式（3.19）表明，竖向剖面上的物质平衡由表面和底部的物质平衡、运动引起的冰通量变化和纵向应变率所决定，而表面和底部物质平衡中，除了降水以外的其他各项都受控于能量平衡，因而可用降水量、表面和底部能量平衡、冰架动力学的耦合模式来模拟冰架厚度的变化。

总体上来说，在气候较稳定条件下，竖向剖面上物质积累和消融大致正好抵消，厚度基本保持稳定。但是，由于陆地冰源源不断向冰架输入，冰架必须通过靠近前端的块体崩解来调节它的总物质平衡。冰架崩解是间歇性的，一次大规模的崩解过后需要较长时间才再次发生崩解，小规模的崩解间隔时间相对较短。因此，一次大规模的崩解可能是正常现象，但短时间内接连发生大规模崩解则预示冰架处于退缩状态。所以，对冰架物质平衡和变化的研究一般要针对多年时间段。

思　考　题

1. 水分和能量条件相同时可形成相同的冰冻圈要素吗？
2. 能量平衡和物质平衡之间有何关系？

第*4*章
冰冻圈力学性质和动力学特征

力学性质和动力学特征是冰冻圈物理最主要的内容之一，对各个冰冻圈要素的力学性质或者以及动力学特征的研究已经有较长历史，内容和成果极为丰富，各自独立成书的例子很多。在这些成果的基础上，本章试图对冰冻圈各要素力学性质或者和动力学特征的共性给予简略归纳，然后分别对冰冻圈主要要素的力学性质和动力学特征研究已获得的主要认识给予简要介绍，重点在于阐明基本概念和原理。鉴于大气冰冻圈各要素所含杂质极微，基本上属于纯净冰，而纯净冰的各种物理性质已在第 2 章阐述，大气中的各种冰的运动属于大气物理学范畴，因此本章不涉及大气冰冻圈。

4.1 冰冻圈力学和动力学特征概述

无论哪种冰冻圈要素，其物质组成中冰都是核心物质，因而其力学性质和动力学特征有一定程度的共性，但由于不同冰冻圈要素所处地形条件、形态特征、物质组成以及受气候环境影响等存在差异，它们的力学性质和动力学特征也有不同之处。本节尝试概述冰冻圈主要要素力学和动力学特征的共性，然后指出它们之间的主要差异。

4.1.1 冰冻圈各要素力学性质的共性

某种程度上，冰冻圈各要素都可看作是含有杂质的冰体。因此，冰的力学特性决定了冰冻圈各要素在力学性质和动力学过程上具有一定的共性特征。

首先，根据纯净冰的力学性质（见第 2 章），冰作为固体物质，在受力后的变形可分为弹性变形和塑性变形两个部分，但弹性变形所占比例很小，而且在应力低于弹性应力极限时也会产生一部分不可恢复的变形。因此，通常将冰的变形称为蠕变变形。虽然冰冻圈不同要素的冰质与所含其他物质之间的比例和物质成分不同，但都会在受力后出现蠕变变形。如果除冰质之外的其他物质含量较小，蠕变规律近似地遵从纯净冰蠕变规律。一般情况下，以冰川冰为主的冰冻圈要素（冰川、冰盖、冰架和冰山）和河冰、湖冰等，杂质含量的比例都较低，纯净冰蠕变规律（Glen 定律）具有普遍适用性。

其次，冰冻圈各要素的力学特性与热力学因素密切相关。纯净冰的蠕变规律表明，温度是影响冰的变形规律的一个重要因子，温度越高变形量越大。而且，冰的变形会产生应变热而提高冰的温度，由此引起的温度变化反过来又影响冰的变形。所以，冰冻圈不同要素虽然物质构成有所差异，但其力学特性和动力学过程与热力学的交织具有共性。

此外，由于冰和水的密度不同，而且冰的密度也随温度而变化（热膨胀特性），因而由相变产生的体积变化和温度变化引起的热膨胀导致冰冻圈各要素即使在静止不动情况下也会对其接触的物体产生力的作用，如冻土和河流、湖泊及海洋的岸冰对周边物体的破坏。

4.1.2　冰冻圈不同要素力学性质的差异

冰冻圈各要素力学性质的差异主要源于杂质成分类别和含量，关于含杂质冰的力学性质复杂性在第 2 章已有所阐述，这里主要强调以下三点。

第一，在固体杂质中，理论上比冰坚硬的岩石碎块和细小砂粒等会使冰的强度增大，延缓冰的蠕变过程。但冰川含岩屑冰层运动速度的某些观测以及有些实验却得出相反结果。可能杂质含量和冰对固体杂质的胶结作用在其中起到很重要作用。还有，温度效应也是很重要的，如当温度接近融点时，冰与固体杂质颗粒之间的胶结减弱。相同含量固体杂质在冰内的分布状况也对变形有影响等。所以，含固体杂质的冰的力学性质受到多种因素的影响，极为复杂。

第二，具有可溶性特性的杂质对冰的力学性质的影响尚未明确。虽然有一些概念上的推测和实验研究，但相对来说这方面研究比较少。在接近融点和有液态水存在情况下，可溶性物质的溶解具有促进冰软化的作用。不过，在接近融点和有液态水时，冰体本身的软化就已经很明显，可溶性物质只起到一定的外加作用。另外，可溶性物质的作用程度与可溶性物质的性质和含量等有关。某些研究还得出，可溶性杂质在较低温度下也有增强冰的变形的作用，但总体上实验研究较少。

第三，冻土是非常特别的一个冰冻圈要素，虽然当富含地下冰时冰质所占比例较大，但总体上土质是冻土的主要组成部分，即使饱冰冻土的含冰量一般也不超过 40%。其次，冻土通常还含有气体、液态水和盐分。由于冻土的物质组成多种多样，冻土的力学性质极为复杂多变。特别是土质成分本身就很复杂，不同含冰量的作用又不一样。

4.1.3　冰冻圈不同要素运动和动力学特征的差异

从运动和动力学角度来看，任何冰冻圈要素在受力条件下，其物质的每个质点都或多或少产生位移，只不过运动形式和运动量存在差异。

冰冻圈不同要素运动和动力学特征存在显著差异的主要起因是环境条件不同，而环境条件则是很多因素的综合，包括地理位置、下垫面、地形、内力和外力、气候因素，等等。在这些因素的综合作用下，不同冰冻圈要素宏观上呈现静止或运动两种不同的状态。例如，冰川和冰盖主要是在自身重力作用下发生变形运动或底部滑动，甚至崩塌等；冻土从宏观上看基本在原地不运动，但仍然存在内部的物质迁移，即使多年冻土层内也会因温度变化产生微小的体积变化，季节冻土层更是频繁发生冻胀、融沉和物质迁移，某些特殊情况下冻土也会出现宏观运动，如斜坡上的冻土活动层会出现融冻泥流，边坡和海岸冻土的滑塌等；积雪大多情况下宏观上处于静止状态，但在强风力作用下会出现流动（风吹雪），山坡上的积雪会有崩塌（雪崩）；海冰、河冰、湖冰和冰山在水中由水流和风力驱动产生运动，但河、湖、海的岸冰以及封冻的河冰和湖冰在稳定期却静止不动；冰架则在自身重力、陆地冰推力和海水运动作用下产生运动。

不同冰冻圈要素除了宏观上静止还是运动这种差异外，运动的形式和机理也存在差异性。如果冰川和冰盖冰下部地形平坦，或者底部冰温低于融点，则在自身重力作用下仅以蠕变变形而运动，否则会产生滑动运动，重力失衡时则会崩塌。风吹雪为强风作用下的固-气二相流，雪崩则为受力超过抗剪强度后的块体滑塌和雪粒流动的混合运动。漂浮海冰和河冰主要在水流作用下漂浮运动，除冰块整体漂流外，还会有冰块之间的相互碰撞和挤压。冰山在漂浮运动中也会与海冰等发生碰撞。冰架在陆地冰的推力作用下向前运动，但在自身重力作用下也会有蠕变，还受到海水托举和冲击力的影响而整体上下垂直运动。

总之，冰冻圈不同要素在力学性质上虽然有一定的共性，但因杂质含量和杂质成分的不同，所处地形、下垫面和其他环境因素的不同，不仅静力学特征有差异，运动状态和动力学过程复杂多样。

4.2　冰川和冰盖的运动和动力学

冰川和冰盖的运动和动力学研究内容广泛而深入，已有的专门论著也不少。本节只对冰川冰的力学性质、冰川和冰盖运动以及动力学特征的最基本概念给予介绍，然后简略阐述一下冰川和冰盖动力学模拟的基本原理。

4.2.1　冰川冰的力学性质和组构特征

冰川和冰盖是由降雪不断累积而形成的巨大冰体，虽然积累区表层一定深度内为尚未变成冰的雪层，消融区某些时段也有较薄的雪层存在，但冰川和冰盖的主体是由雪变质的冰体，这种冰体也被称为冰川冰（严格地讲，冰川冰是指冰川上的雪经动力变质作用而形成的冰，由融水浸泡后再冻结形成的冰或者融水再冻结冰基本属于水成冰）。

通常冰川冰内含有气泡，也含有其他杂质成分（主要为自大气沉降的物质），不过杂质成分含量一般都很低，特别是冰盖内陆地区和周边缺少裸露岩石坡的冰川积累区。因而，可以将冰川冰近似地看作纯净冰，纯净冰力学性质参数和变形规律也适用于冰川冰。不过，在杂质含量较大时（如冰川底部岩屑层、冰川剪切带和火山灰层等）则必须考虑杂质的影响。不同杂质成分及其含量的影响非常复杂，需要针对具体的杂质类型、含量和分布（均匀散布还是其他形式）进行研究。气泡对冰的力学性质的影响与气体总体积和单个气泡尺寸等有关，但当冰体含有杂质时，气泡的影响可被忽略。

冰的晶体组构的差异也会对冰的力学性质产生影响。晶体组构的影响有两方面，一是出现优势 c 轴取向时冰的力学性质表现为各向异性，二是由于不同的应力状态可导致不同的晶体组构，因而一种晶体组构形式有利于对应的应力作用下的变形。在冰川和冰盖表面，自由降落的雪沉积后，晶体 c 轴取向是随机的。随着深度的增加，上覆压力和水平剪切力越来越大，冰晶体 c 轴逐渐变得具有优势取向。也就是说，在表面向下一定深度内的冰属于各向同性的多晶冰，在更大深度上的冰因具有优势 c 轴取向而呈现各向异性特征。

对冰川和冰盖上采集的冰样的晶体组构观测表明，冰川和冰盖不同部位不同深度冰的晶体组构形式有所不同。如第 2 章所述，实验研究表明，冰在受力变形过程中，晶体组构会发生变化，通过冰样的力学实验和冰川/冰盖的应力状态分析可对各种组构形式进行解释。一般认为，冰在单轴压缩情况下易于形成环状组构，而剪切应力占优势时冰晶组构主要为单极大型，这两种组构在冰川和冰盖上最为常见。环状组构出现的深度一般都不会太大，单极大型组构往往形成于深度较大的冰层，因此在厚度较小的冰川上可能观测不到这种组构，而在厚度达上千米的极地冰盖中则是最典型的冰晶组构。根据冰川和冰盖受力状况分析，随深度增大，剪切应力也增大，到达底部时剪切应力达到最大。但在接近底部时，虽然剪切应力占主导地位，受底床起伏影响使应力状态复杂化，而且由于温度较高，再结晶（甚或重结晶）作用也很突出，晶体组构多呈现多极大型。另外，在南极、格陵兰冰盖和中国西昆仑古里亚冰帽上的某些深度上都观测到一种竖条带状组构类型。某些研究认为，这种组构的形成与单轴拉伸应力状态有关，而且没有再结晶作用（温度低于–10℃）。由于温度很低，变形缓慢，形成这种组构的时间比形成其他组构形式要长很多，至少数百年，因而对竖条带状组构还缺乏实验室证实。尽管对冰川和冰盖冰组构的研究解释了几个代表性应力状态下对应的组构类型，但冰川和冰盖中应力状态在空间和时间上的变化是很复杂的，晶体组构也常呈现并不属于哪一种典型组构的情况。

有些实验表明，上述几种典型的晶体组构的冰在对应的应力作用下其变形速率均高于各向同性晶体组构的冰的变形，如单极大型组构的冰在单剪切下的变形高出各向同性冰的 8～10 倍，环状组构的冰在单轴压缩下的变形高出大约 3 倍，条带状组构的冰增大幅度较小，基本在 1 倍以内（Cuffey and Paterson, 2010）。

冰的密度差异对变形也有影响，但通常冰川冰密度变化不大，其影响较小。

4.2.2 冰川和冰盖运动

在自身重力作用下的运动是冰川区别其他冰体最为重要的特征之一。冰川的运动，一方面能够通过改变物质分布，造成冰川几何形状的改变；另一方面能够造成冰川各部位所处的水热及边界条件的变化，从而增大了冰川对能量变化响应的复杂性。冰川运动受其动力学系统控制，因而属于冰川动力学的研究范畴。基于物质、能量和动量守恒原理而建立的冰川动力学，能够定量地表述和模拟冰川的运动变化。

1. 运动基本原理

冰川和冰盖运动主要存在三种机制：冰的变形、底部滑动和底部岩屑层运动。在底床冻结情况下，表面测得的运动速度只是冰的变形运动；在底部处于融点但底床是基岩面情况下，运动速度包括了冰体变形和冰体滑动；如果底部是未冻结岩屑层，冰体变形、冰体滑动和底部岩屑层形变都有贡献。

1）应力

作用于冰川底部界面上（称冰床或底床）上的正应力主要是冰体的重力，如底床平坦或坡度很小，单位面积上的正应力（σ）可表示为

$$\sigma = \rho g h \tag{4.1}$$

式中，ρ 为冰的密度（平均为 0.9 g/cm^3 或 900 kg/m^3）；g 为重力加速度（9.8 m/s^2）；h 为冰川厚度，m。当底床具有明显的坡度时，如果假定在分析讨论的空间范围内冰川厚度、宽度和坡度都保持不变，而且宽度和长度都比厚度大得多，冰的变形则仅由剪应力所引起，冰的运动速度矢量（流线）与表面平行（图 4.1），而且流动速度仅随深度而变化，因而称为"层流"。这种情况下，冰体所受的剪应力在冰川底部达到最大，底部剪应力（τ_b）的大小为冰体重力沿底床指向下游方向的分量，即

$$\tau_b = \rho g h \sin \alpha \tag{4.2}$$

式中，α 为底床坡度（这种情况下与冰川表面坡度相等）。可见剪应力是随着冰川厚度的增加线性增大的，并且与冰面坡度呈正相关，因此冰体会沿底床坡度最大的方向发生变形。

显然，冰面和底床坡度相等且保持不变、厚度不变、冰体只受剪应力作用等这些假设可能只在很小范围较为近似。现实中的底床多是起伏的，冰体厚度和冰面坡度是变化的，因而沿流动方向应力是变化的。如果坡度和厚度有变化，不仅剪应力会有变化，冰体还会受到拉伸或压缩应力作用。

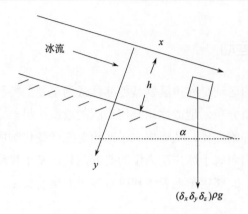

图 4.1 冰川表面与底床平行情况下冰体运动的坐标系统

2）冰体变形运动

冰川运动的第一种形式是冰在应力作用下的蠕变变形。冰的蠕变变形的机理在第 2 章中已有阐述，主要包括晶体沿基面滑移（或称晶体内的位错）、晶界滑动、扩散型蠕变、再结晶作用等。冰川和冰盖由蠕变引起的运动表现为缓慢的蠕动，好像黏度很大的流体在流动一样，因而这种运动又称为冰川流动。

由于冰终究还是固体而不是流体，当受到的应力超过蠕变极限时，冰的脆性就会表现出来，产生断裂或破碎。这种超极限应力若为拉伸应力，冰就会断裂，冰川和冰盖上的裂隙就是例子；若为压缩应力，冰就会破碎，因而冰川和冰盖上有些地方会出现破碎带。还有一种情况，如果相邻的冰体存在结构（密度、粒径、组构等）或杂质（成分、含量、分布等）或应力作用（单应力或复合应力、大小、方向）等方面的差异，两部分冰就会因变形运动的差异而在他们的界面处出现错位现象，如同地质上的岩石断裂带一样，这在两支冰流汇合区域比较常见。

3）底部滑动

冰川和冰盖运动的另一种形式是底部滑动。当有滑动发生时，滑动速度往往会超过冰体变形运动速度分量。通常认为，冰川滑动的先决条件是底部温度达到融点（压力融点）。当温度处于融点时，底床如果是光滑的基岩，冰与基岩之间往往会有液态水膜存在，在水的润滑和水压力作用下，冰与基岩之间没有摩擦阻力，即使剪应力不大及坡度很小，也会滑动。如果基岩是粗糙的，液态水积存于凹洼部分，基岩凸起部分则会阻碍冰的运动。这种情况下，由于局部应力增大导致复冰现象（关于"复冰"的概念见第 2 章"冰的变形机理"）发生和塑性变形增强，冰体仍然可滑动运动，尽管滑动速度比有液态水存在情况下的要小一些。

复冰机制的理论认为，在基岩凸起尺寸较小情况下，凸起的迎冰面对冰的运动产生阻力，使冰体受到的压力增大，降低该处的融点，冰发生融化；融水通过障碍物流到凸起背面时因压力较低、融点较高便重新冻结；冻结时释放的潜热，又通过凸起及周围的冰传导到上游迎冰面而加速那里冰的融化，使这一过程不断持续，冰体便得以滑过凸起向下游运动。有分析认为，复冰滑动机制对较小凸起是有效的（平面尺寸 1m 以内），如果凸起较大，融水再冻结释放热量向凸起迎冰面传导作用很微弱。

滑动的另一个机制是蠕变增强。由于基岩凸起的阻挡增大了局部应力，凸起周围冰的蠕变变形得以提高。因为应变率随应力和作用距离而增大，凸起的直径越大，应力增大的距离越大，应变率也越大。于是，蠕变增强机制在凸起尺寸比较大的情况下更为有效。

在现实中，冰川底床的粗糙程度是不均匀的，冰川滑动是水膜润滑、复冰作用和蠕变增强等多种机制综合作用的结果。

当底部温度低于但较为接近融点时，比如只低于融点 1~2K，在有些冰川上也观测到底部滑动。对此，仍然可以用复冰作用给予解释：一是在基岩小凸起情况下有复冰作用，二是靠近底部冰内的固体杂质与冰之间也会产生复冰作用。不过，这种情况下的滑动速度要比底部处于融点时小很多，也往往具有局部滑动运动的特点，不像处于融点有融水作用下的大片或整体滑动。

4）底部岩屑层运动

依据某些冰川钻孔和人工冰洞的观测以及冰川地质地貌证据，认为大部分冰川的底部有石块岩屑层存在。观测到的岩屑层厚度有的几十厘米，有的达一米以上。通常情况下，岩屑层具有减小冰川滑动的作用。岩屑层的运动主要由两部分构成：一是岩屑层的连续变形，二是岩屑层沿基岩面的滑动。若岩屑层由于融水作用而成为松散状态的话，其中的石块可沿基岩面滑动，也可滚动。另外，含杂质较少的冰和含岩屑较多的冰之间也可能是逐渐过渡的。如果没有明显界面，所谓冰川滑动实际上就是岩屑层的运动。据天山乌鲁木齐河源 1 号冰川底部人工冰洞观测研究（Echelmeyer and Wang, 1987），冰川底部有厚度小于 1 m、含冰量约 30% 的岩屑砾石层，冰面运动速度的 60%~80% 源于岩屑层运动；岩屑层的运动由两部分构成，一是岩屑层的连续变形，二是岩屑层沿剪切面或剪切带的滑动，前者占冰面运动的 60% 左右，后者在 20% 以内。

如果把底部岩屑层看成冰川底床的话，这样的底床就不再是坚硬不变形的基岩面，而是运动着的软底床。另外，基岩岩性也可能对冰川滑动会有一定程度的影响，如果基岩较软，对滑动有减缓作用，易于受岩屑层和冰体侵蚀。

2. 冰川运动特征

在平衡状态时，通过某剖面的冰流量应该与冰川的积累和消融平衡，即

$$\rho_i \int_A \dot{b}_i \mathrm{d}A = \rho_i \dot{b}_i XW = \overline{\rho} H U_B Y \tag{4.3}$$

式中，$\dot{b}_i$ 为物质平衡速率；ρ_i 为冰体密度；A 为冰川底部面积；X 和 W 分别为平均长度

和平均宽度；H 为断面上的冰厚度；Y 为断面上的宽度；U_B 为断面上平均流动速度，称为平衡速度（图 4.2）。

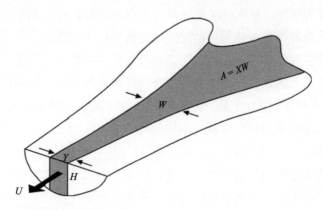

图 4.2 在面积 A 上积累的物质流经宽度为 Y 和深度为 H 的横截面（Cuffey and Paterson, 2010）

在纵剖面上，冰川流速一般是从积累区上部向下部增大，在平衡线处达到最大，然后再向冰舌末端减小。对形态很规则的山谷冰川而言，一年内通过积累区任一截面的冰量，必等于该横截面以上的冰川部分在这一年内的积累量；同样，一年内流过消融区某一横截面的冰量等于该横截面与冰川末端之间的冰川部分在这一年内所损失的冰量。因此，通过任意横截面的冰流量，必定是从冰川源头处逐渐增加，至平衡线处达到最大值，并由此向冰川末端逐渐减小。如果冰川的宽度和厚度沿全长变化不大，则可认为冰流速也以类似的方式发生变化，即冰流速在平衡线处达到最大值，且与表面平行。在积累区，因每年有物质净积累，在新的上覆雪冰层压力下，运动速度有一个竖直向下的分量；在消融区，老冰不断消融，上游来冰则给予补偿，导致运动速度有一个垂直向上的分量。因此，积累区为下沉流区，消融区为上升流区。下沉流区表面石块岩屑等会不断被埋入雪冰层内，上升流区冰内杂质则被不断带到表面而聚集形成表碛。

对同一横断面来说，边缘因与谷壁的摩擦力大，受到谷壁的拖拽作用，流速较慢，冰川中线流速较快，但如果在冰川拐弯处，最大速度位置偏向拐弯外侧；在横剖面上，一般是冰床变窄处流速增大，扩宽时流速减小。这与河流流速分布有些类似，表明了冰体具有流体特性。

垂直方向上，运动速度在表面最大，从冰川上游到下游最大速度的连线为冰川主流线。因为在垂直剖面上，冰川表面的流速是冰川冰变形、底碛变形和冰底滑动速度的总和，流速随深度先是缓慢递减；随着深度增大，上覆冰体的正压力及剪切力加大，冰的变形速率也随之增大；在接近底部，由于碎屑物增加，在底碛变形和冰下滑动的作用下，变形率最大。按照最简单的层流假设，Paterson（1994）用式（4.4）表述表面流速及其与深部流速的关系：

$$U_s = U_b + [2A(n+1)](\rho_i g \sin\alpha)^n h^{(n+1)} \tag{4.4}$$

式中，U_s 为表面速度；U_b 为底部速度，它由底部滑动及底部碛变形组成；A 及 n 为格伦定律中的流变参数；g 为重力加速度；h 为冰川厚度。由此可见，流速是表面最大，随深度增加而递减，这又与河流流速竖向分布有所不同，说明冰体与流体具有差异性。

冰川运动速度的时间变化主要是由温度的季节变化、融水的出现及其压力的变化、冰下排水系统的变化引起的，具有季节波动的特征。底部处于融点的冰川，即海洋性冰川（温冰川）运动速度的季节变化明显，通常暖季速度大，主要原因在于温度较高时冰的变形或者（和）滑动都会增大；而底部处于冻结状态的冰川，即极大陆性冰川（冷冰川），冬季物质积累，冰体厚度大，运动速度此时受厚度的控制往往具有较大的速度。但上述规律不是绝对的，随着气候转暖，冰体温度升高，冷冰川的局部区域也可能存在底部滑动现象，造成夏季流速大。

温冰川的运动速度一般较冷冰川的大。这是因为冷冰川底部处于冻结状态，冰内变形是其唯一的或占主导地位的运动机制，加上较低的温度，应变率较低，流动速度较慢。温冰川因有较大的积累量及较高温度，必须要有较大的冰流量才能使它达到平衡速度，因此冰川的运动速度较快；当融水作用、底部滑动及底碛变形机制成为运动的主要机制时，运动速度急剧增大。此外，冰川运动速度还与冰川的规模有关，在相同气候条件下，大冰川运动速度大于小冰川，因为前者冰体厚度大，底面剪应力大于后者。

3. 冰盖运动特征

1）速度空间分布

一般来说，冰盖具有半球形的地形，使得冰盖最高处（冰穹）的冰流基本是垂直向下的，而两侧的冰流方向不断向水平方向过渡，即从中心向周围边缘方向放射状运动。因此，冰流将导致冰盖逐渐变薄并且在水平方向上不断延伸（图 4.3）。

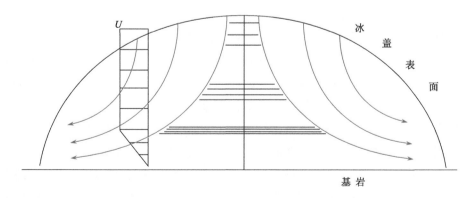

图 4.3　冰盖的运动形式

图中箭头线示意冰质点的运动方向和轨迹；中心部分四条水平线之间距离随深度不断减小意在表明受压力和水平速度影响，表层某一时段冰层随深度不断减薄；靠左边直方图为水平运动速度（U）随深度的变化示意图当冰下地形平坦时，冰盖典型的理想化横截面为抛物线形状（图4.4）。若假设为理想塑性体，冰盖剖面可表示为（h/H）$^2+\left(\dfrac{x}{L}\right)=1$，$h$和$x$分别为冰体厚度和距离中心的水平距离，$H$为中心处厚度，$L$为中心至边缘的距离。表面全为积累区的冰盖在稳定状态下，由于距中心x处的冰通量等于这一区段上的积累量，水平运动速度应为（b/h）x，其中，b为表面平均积累速率，因此，在冰盖中心水平速度为零，向边缘随距离增大而增大。

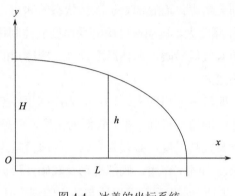

图4.4　冰盖的坐标系统

由于冰体受到的剪切作用主要发生在底部，从表面向底部绝大部分深度上水平速度变化不大，直到接近底部时水平速度才急剧减小，如图4.3中左边直方图所示意。

冰盖从中心到边缘大部分区域坡度和厚度变化不大，水平速度增加缓慢，竖向运动速度就显得非常重要。在稳定状态下，若不存在底部滑动，竖向速度在表面应与积累速率相等，在底部为零。若假定竖向速度随深度线性变化，则可得出表面的冰竖向运动一段距离所需的时间为$(h/b)\ln(h/y)$，其中y为从底床向上到某一深度的距离。

2）快速冰流

快速冰流是冰盖上流速明显大于周围冰体的区域，与周围冰体之间常以受强剪切而出现的裂隙区为分解。严格意义上的快速冰流没有可见的岩石边界，如果有则称为溢出冰川。但这不是本质区别，如格陵兰冰盖西岸的雅各布港冰川形成于快速冰流，终止于溢出冰川。一般认为广义上的快速冰流包括快速流动的溢出冰川。

虽然溢出冰川和快速冰流只占到南极冰盖海岸线的13%，但他们使得冰盖内部90%的物质积累流出。同样，格陵兰冰盖的物质流出主要集中在24个大规模的溢出冰川上。雅各布港冰川的冰流量约占整个格陵兰冰盖物质损失量的7%。因此，冰盖的状态在很大程度上取决于快速冰流。目前已知世界上流速最大的为格陵兰冰盖的溢出冰川——雅各布港•伊斯伯依冰川，其最大流速可达8360 m/a，年流速超过7000 m/a。造成该冰川较高的运动速度主要是因为积累区面积很大，冰流通道比较狭窄，冰流流向狭窄的通道时流速迅速增加。

4.2.3　冰川和冰盖动力学模拟

决定冰川存在和变化的关键是两个基本过程的耦合。第一个过程是能量-物质平衡过程，即由气候变化引起的冰川物质积累和消融变化，是冰川对气候变化的即时响应；第二个过程是冰川对物质平衡变化响应的动力学过程，即在物质平衡变化以后冰川通过运动而改变几何形态参数（长度、厚度、面积等）。冰川在自身重力作用下一直处于运动状态，但如果冰川上的物质净积累量和净消融量相等，则冰川通过运动将积累区积累的物质输送到消融区供其消融后，冰川几何形态保持不变，可称其为处于稳定状态或平衡状态。现实中，由于气候条件处于不断变化中，因而冰川的物质平衡以及动力学参数等也都在变化中，导致冰川几何形态发生变化。于是，如何用数学公式表述与冰川变化相关的各个因素之间的关系，并能够得到不同条件下冰川变化的定量结果，亦即冰川变化模拟，是冰川研究的核心课题之一。

1. Navier–Stokes 方程

通过第 3 章对冰的力学性质的阐述我们知道，冰虽然是固体，但又表现出一定的流变特性，因而冰的变形主要为蠕变。本节前述表明，冰的蠕变变形是冰川运动的最基本分量，底部滑动等其他形式的运动则是在某些特定条件下发生。由冰的蠕变变形引起的冰川和冰盖运动与黏性流体运动具有一定的相似性，因此常称冰川和冰盖变形运动为流动，可用流体力学理论来研究。

流体力学中描述黏性牛顿流体的基本方程为 Navier-Stokes 方程，又称为流体运动的动量守恒方程，可表述为

$$\rho\left(\frac{\partial v}{\partial t} + v \cdot \nabla v\right) = -\nabla P + \rho F + \mu \Delta v \tag{4.5}$$

式中，ρ 为介质密度；v 为运动速度；t 为时间；P 为压力；F 为外力；μ 为动力黏性系数；∇ 和 Δ 分别为哈密顿算子和拉普拉斯算子。与此相联系的质量守恒方程（又称连续性方程）为

$$\frac{\partial \rho}{\partial t} + \nabla(\rho v) = 0 \tag{4.6}$$

当表征黏性影响的雷诺数很小且为不可压缩流体的流动时为蠕动流，又称 Stokes 流动。Stokes 流动的主要特征是惯性力的作用远小于黏性力，流动速度很慢。于是，忽略惯性力和密度变化，式（4.5）和式（4.6）简化为

$$\nabla P = \mu \Delta v \tag{4.7}$$

$$\nabla v = 0 \tag{4.8}$$

由于冰的蠕变变形缓慢，冰又可近似地看作是不可压缩物质，将冰川和冰盖的流动看作

Stokes 流动是很好的近似。对于冰川和冰盖来说，关于内部压力梯度、黏性力、运动速度等还需要具体给出表达式。

2. 冰川和冰盖动力学基本方程

冰川和冰盖上的黏性力为作用于冰质点上的应力张量，压力梯度在水平方向可忽略，竖向上即为自身重力作用随深度变化。如果以 x 坐标为冰流动方向，y 坐标为垂直于 x 的水平方向，z 坐标为由冰川或冰盖底部竖直向上，则动量守恒方程为

$$\frac{\partial \sigma_x}{\partial x} + \frac{\partial \tau_{xy}}{\partial y} + \frac{\partial \tau_{xz}}{\partial z} = 0 \tag{4.9}$$

$$\frac{\partial \tau_{xy}}{\partial x} + \frac{\partial \sigma_y}{\partial y} + \frac{\partial \tau_{yz}}{\partial z} = 0 \tag{4.10}$$

$$\frac{\partial \tau_{xz}}{\partial x} + \frac{\partial \tau_{yz}}{\partial y} + \frac{\partial \sigma_z}{\partial z} = \rho g \tag{4.11}$$

式中，τ_{ij} 为剪切应力；σ_i 为正应力；ρ 为冰的密度；g 为重力加速度。

质量守恒方程为

$$\frac{\partial v_x}{\partial x} + \frac{\partial v_y}{\partial y} + \frac{\partial v_z}{\partial z} = 0 \tag{4.12}$$

式中，v_x、v_y 和 v_z 分别是速度向量 V 在 x、y 和 z 三个方向的分量。

由于流动速度由应变率所决定，速度分量 v_i 与应变率分量 $\dot{\varepsilon}_{ij}$ 之间的关系（又称变形几何方程或运动方程）为

$$\dot{\varepsilon}_{ij} = \frac{1}{2}\left(\frac{\partial v_i}{\partial x_j} + \frac{\partial v_j}{\partial x_i}\right) \tag{4.13}$$

或者具体到每个分量则为

$$\dot{\varepsilon}_x = \frac{\partial v_x}{\partial x}, \quad \dot{\varepsilon}_y = \frac{\partial v_y}{\partial y}, \quad \dot{\varepsilon}_z = \frac{\partial v_z}{\partial z} \tag{4.14}$$

$$\dot{\varepsilon}_{xy} = \frac{1}{2}\left(\frac{\partial v_x}{\partial x} + \frac{\partial v_y}{\partial x}\right), \quad \dot{\varepsilon}_{xz} = \frac{1}{2}\left(\frac{\partial v_x}{\partial z} + \frac{\partial v_z}{\partial x}\right), \quad \dot{\varepsilon}_{yz} = \frac{1}{2}\left(\frac{\partial v_y}{\partial z} + \frac{\partial v_z}{\partial y}\right) \tag{4.15}$$

$$\dot{\varepsilon}_{xy} = \dot{\varepsilon}_{yx}, \quad \dot{\varepsilon}_{xz} = \dot{\varepsilon}_{zx}, \quad \dot{\varepsilon}_{yz} = \dot{\varepsilon}_{zy} \tag{4.16}$$

要将动量守恒和质量守恒方程关联起来，必须得引入本构方程，亦即冰的应力与应变率之间的关系（流动定律），才能使动量守恒中的应力、质量守恒中的速度和几何方程中的应变率联系起来。采用冰的广义流动定律（见第 2 章），应变率与应力之间关系可表述为

$$\dot{\varepsilon}_i = A\tau^{n-1}\sigma_i', \quad \dot{\varepsilon}_{ij} = A\tau^{n-1}\tau_{ij} \tag{4.17}$$

式中，τ 为有效剪切应力；σ_i' 为偏应力分量；τ_{ij} 为剪切应力分量。A 和 n 为流动定律参数，可由冰的蠕变实验获得，但实际上通常取 n 值为 3，A 被认为主要取决于温度，也

和冰的晶体组构、晶粒尺寸和杂质等有关,A 值与温度的关系可由阿伦尼乌斯(Arrhenius)方程确定（见第 2 章）。对冰的流动定律以及其中参数 A 和 n 还有另外形式的表述和大量的实验研究（Cuffey and Paterson,2010），但式（4.17）比较简明，应用较为普遍。

3. 冰川和冰盖动力学方程的求解

上述方程综合起来，构成了应力、应变率和运动速度的全分量冰川和冰盖动力学模式。依据冰川和冰盖的几何形态参数（厚度、坡度、宽度等）和边界条件，可先得到应力分布，再依据本构方程得到应变率分布，最后依据几何方程可求得运动速度。

边界条件是必须且至关重要的，因为前面只是依据动量守恒和质量守恒原理而得到了泛定方程，只有确定边界条件之后才算有了求解的可能。边界条件包括运动学和动力学两个方面，运动学边界条件是只从几何形态角度考虑冰川或冰盖表面和底部边界线的变化，其表面条件可表述为

$$\frac{\partial S}{\partial t} + u_S \frac{\partial S}{\partial x} + v_S \frac{\partial S}{\partial y} - w_S = M_S \tag{4.18}$$

式中，S 为表面高程；u_S、v_S 和 w_S 分别为在表面处的三个运动速度分量；M_S 为表面净物质平衡速率（以单位时间单位厚度表示）。

如果冰川底部处于冻结状态，底部边界则没有变化；如果冰川或冰盖的底部冰处于融点，则可能有相变发生，也可能存在底部冰的运动，那么底部运动学边界条件与表面类似：

$$\frac{\partial B}{\partial t} + u_b \frac{\partial B}{\partial x} + v_b \frac{\partial B}{\partial y} - w_b = M_b \tag{4.19}$$

式中，b 为底部冰边界的高程；u_b、v_b 和 w_b 分别为底部的三个运动速度分量；M_b 为底部净物质平衡速率。

动力学边界条件描述的是冰川或冰盖表面和底部的应力变化情况。表面为自由边界，法向应力为零，可得到边界条件为

$$\sigma_x \frac{\partial S}{\partial x} + \tau_{xy} \frac{\partial S}{\partial y} - \tau_{xz} = 0 \tag{4.20}$$

$$\tau_{yx} \frac{\partial S}{\partial x} + \sigma_y \frac{\partial S}{\partial y} - \tau_{yz} = 0 \tag{4.21}$$

$$\tau_{zx} \frac{\partial S}{\partial x} + \tau_{zy} \frac{\partial S}{\partial y} - \sigma_z = 0 \tag{4.22}$$

如果底部处于冻结状态，则底部应力主要为剪切应力，取决于上覆冰层重力与底床坡度；如果底部冰处于融点，则底部应力为多种力的综合，包括滑动产生的摩擦力、上覆冰层压力、底部水压力等。准确地描述底部冰处于融点情况下的底部应力是非常困难的，通过不同的假设和近似，可得出不同的底部动力学边界条件方程。

获得速度场后可代入连续性方程求解冰川厚度 H 的变化：

$$\frac{\partial H}{\partial t} = -\nabla \cdot q + M = -\nabla \cdot (\overline{v}H) + \overline{M_\mathrm{S}} - \overline{M_\mathrm{b}} \qquad (4.23)$$

式中，q 为冰川或冰盖某一地点的冰流通量；M 为物质平衡速率；$\overline{v}$ 为在竖向剖面上的平均流速；$\overline{M_\mathrm{S}}$ 和 $\overline{M_\mathrm{b}}$ 分别为冰川表面和底部的净物质平衡速率。

上述对冰川或冰盖动力学方程及其求解的介绍仍然是原则和原理性的，针对具体的某一条冰川或冰盖某一部分，将泛定方程和边界条件具体化并实现数值求解仍然困难。关键是现实中决定冰川或冰盖几何形态的地形因素空间差异性很大，冰的物理性质参数在空间和时间上都有变化。如果采用全分量动力学模式，对泛定方程和边界条件的各个参数又要精细地准确刻画，则求解异常复杂和困难，尽管目前计算机功能已经非常强大。于是，如果采用全分量模式，则应当将相关参数做简单化处理；如果将相关参数刻画的精细一些，则需要减少维数（如仅考虑二维情况）。总体上讲，冰盖动力学模拟的发展和实地应用较山地冰川要好一些，因为对冰盖来说考虑的空间尺度较大，局地小地形可以忽略；山地冰川规模较小，短距离内的地形变化对整个冰川都有重要影响。

4. 冰川动力学模式与其他模式的耦合问题

从前面冰川和冰盖的运动和动力学模拟介绍中我们知道，温度不仅是冰的流动定律中一个极其重要的参数，也决定着冰川和冰盖底部的运动和动力学条件，而冰的应变和冰体滑动又会产生热量而改变温度。因此，冰川和冰盖的动力学和热力学相互影响而紧密交织在一起，如果在动力学模拟中将温度取作一个简单的变量会导致其结果出现很大偏差。所以，好的动力学模式应当嵌入温度模块，甚或将热力学模式考虑的比较全面而成为动力学-热力学耦合模式。特别是对多温型冰川来说，达到融点的温冰所占比例较大。由于温冰和冷冰之间变形差异显著，其界面上以及冰川底部的动力学和热力学状况也很复杂，再加上有融水参与和相变发生，热力学模式就显得极为重要。

动力学模式的边界条件表明，物质平衡是一个非常重要的参数。物质平衡过程是冰川响应气候变化的最初过程，有了物质平衡变化才会引起冰川运动和动力学过程的变化，因而物质平衡是冰川动力学模式的一个关键驱动参数，对物质平衡表述的准确程度决定着动力学模拟结果的可靠性。决定冰川或冰盖物质平衡的主要因素是物质来源（物质积累，最主要为降水量）和能量平衡（决定雪冰消融的主导因素），要获得比较准确的物质平衡时空变化，必须依赖能量-物质平衡模拟。所以，冰川和冰盖动力学模式与能量-物质平衡模式的耦合也是非常重要的。

另外，用来处理冰川输水过程的模块也常被引入冰川和冰盖动力学模式。融水从冰面产流到汇流进入江河，其形式多种多样，包括表面漫流输水、内部水道输水及底部水渠输水等。冰川内部水文过程的复杂性，导致仅依靠简单假定的冰川表面融水模式既不能很好地模拟冰体流动，也无法在年内尺度上较为准确地体现冰川径流变化。

总之，对冰川和冰盖变化的深入理解和未来变化预估，有赖于动力学模式和其他相关模式的协调发展。对山地冰川来说，单条冰川的深入研究固然很重要，但流域和区域尺度上的冰川变化模拟和预估对获得某一区域冰川的冰量变化和定量评估其水文、生态和环境效应以及社会经济可持续发展的需求更为迫切。将单条冰川验证的模式向流域和区域尺度上推广应用更有赖于动力学模式与其他模式的耦合。

4.3　冻土力学特征

冻土是由土层中水分冻结成固态后形成的特殊土体，其物理力学性质也随着土中冰的生成而改变。未冻土层一般由矿物颗粒、液态水和孔隙气体三相组成，而冻土体则由矿物颗粒、冰、未冻水和孔隙气体四相构成。冻土中的冰将土颗粒胶结在一起，使得土体从一般的松散体向固体性质转变，因此，冻土中的冰对冻土的物理力学性质起着很大的制约作用。

4.3.1　冻土的基本物质组成

冻土物质构成的差异使得冻土具有其独特的物理力学特性。冻土中的矿物颗粒组成了冻土的骨架，冰则将矿物颗粒胶结在一起，冻土中的未冻水通常存在于矿物颗粒表面，而气体则往往充填于富裕的孔隙中。构成冻土的物质种类（在冻土研究中通常叫"冻土组分"）的比例和结构形式不同，冻土的性质也不同。

1. 土骨架

组成土骨架的矿物颗粒的大小、形状对冻土性质有很大影响。矿物颗粒通常包括原生矿物和次生黏土矿物，原生矿物是风化过程中岩石被机械破碎而形成的颗粒，矿物颗粒未改变原有成分和性质；次生黏土矿物则是在风化过程中经化学作用而改变了原有矿物成分。次生黏土矿物颗粒十分微小，从几纳米至几微米不等。颗粒的形状可分为针状、多角状、结晶状、枝状、纤维状、片状、粒状等。

2. 冰

冻土中的冰是构成冻土的关键组分，它决定着冻土的结构构造和物理力学性质。冰是冻土呈现固体性质的胶结体，存在于土颗粒孔隙中。冻土中含冰量不同，则土颗粒的接触方式也不同，含冰量较小时，土颗粒相互接触更好；含冰量较大时，土颗粒可能被冰分离。冰的胶结程度还与温度有关，温度越低，冰的胶结作用越强。

在自然界中，冻土中的冰又称为冻土地下冰，依照冰的生成过程可将冻土地下冰划分为构造冰、脉状冰、埋藏冰三类。构造冰是土体中水分自然冻结或水分重分布后冻结而成，是最常见的冻土地下冰类型。脉状冰是外界水分入侵冻土裂隙后冻结形成的沿裂隙分布的冰脉。埋藏冰是埋藏于土体保存下来河冰、湖冰及其他形式的冰。

3. 未冻水

土体冻结过程中，并非所有的水分都同时发生冻结，而是存在部分水分处于未冻结状态。土体中的水分一般主要包括强结合水、弱结合水和自由水。自由水的冻结在冰点即可发生；强结合水依附于土颗粒表面，受分子力的吸附几乎始终处于液态，在温度很低时也难以冻结；弱结合水以薄膜形式存在于土颗粒周围，一般在$-1.5℃$以下才发生冻结，且随着温度的降低，冻结水分逐渐增加。因此，在土体冻结过程中，水分是随着温度的降低逐渐冻结的，冻土中总是存在一定量的未冻水。依照土颗粒表面性质的不同，其未冻水量也不同。

4. 水汽

水汽是充填于土体孔隙中未被水分、冰完全占据空间的气体，这些气体处于自由或受压状态，一般对冻土的性质影响较小。

4.3.2 冻土主要物理指标

与力学性质有关的冻土主要物理指标包括冻土密度、冻结温度、未冻水含量、含冰量、冻土温度等。

1. 冻土密度

冻土密度（ρ）是指单位体积冻土的质量，工程上则常采用容重（γ）来表示类似的概念，即单位体积的重量，与密度关系为$\gamma=9.8\rho$。由于冻土中水分饱和度、含冰量大小的差异，冻土的密度与其他物质组成相对单一的固体相比变化范围很大。如冻结砂土的密度可达到2.0g/cm^3，而含土冰层的密度可小至接近冰的密度。

2. 冻结温度

冻结温度是指土体孔隙水稳定冻结时的温度。因水分与土颗粒表面的相互作用或含有盐分，冻结温度往往低于 $0℃$。矿物颗粒越细，其比表面积越大，对水分的吸附作用越强，冻结温度越低。含水量对冻结温度也有影响，当土体中自由水很少时，土体中水分的冻结则从弱结合水开始，而弱结合水的冻结需要更低的温度。

3. 未冻水含量

未冻水含量是指一定负温下土体中未冻水与土颗粒之间的重量比，通常用百分数表示。影响冻土未冻水含量的因素主要包括温度、土质、含盐量、压力等。温度越低，未冻水含量越小，土颗粒越细，未冻水含量越高，土体盐分含量越大，未冻水含量越高，压力越大，未冻水含量越高。典型的冻土未冻水含量-温度曲线如图 4.5 所示。

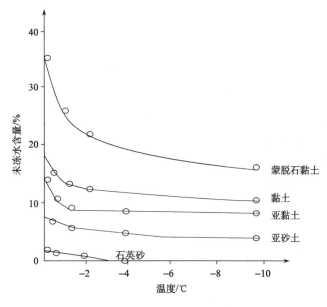

图 4.5　典型冻土未冻水含量-温度曲线（崔托维奇，1985）

4. 含冰量

含冰量是指冻土中冰所占的比例，常用体积分数或质量分数表示。冰的重量含冰量与未冻水含量之和就是冻土的总含水量。

5. 冻土温度

冻土温度是表征冻土热状态的热物理指标，但冻土的力学性质与温度密切相关，主要是冻土中冰的力学性质受温度影响，而且未冻水含量等其他参数也与温度有关。

4.3.3　冻土的力学特征

与非冻土相比，冻土的力学性质多与固体材料的性质类似，同时由于冰的存在，冻土又表现出明显的流变性，且其力学性质随冻土温度的变化而剧烈变化。

1. 冻土的强度

冻土强度指冻土抵抗外界荷载的极限能力。通常认为冻土的强度由颗粒之间的键结力、结构键结力和冰的胶结力三种联结力构成（吴紫汪和马巍，1993）。

颗粒间的键结力又称原始黏聚力，其值取决于土颗粒矿物成分之间的接触关系（接触面积、间距、可压缩性等）。这种键结力随压力的增大而增大，但当压力增大到一定程度，则矿物颗粒间的稳定性在一些接触点上遭受破坏，引起土颗粒键结力的损失，诱发冻土破坏。

结构键结力也称固化黏聚力，是冻土中土颗粒团聚体的结构所形成的键结力，其值取决于冻土形成和存在条件。团聚体的缺陷、不均匀性影响冻土的强度。

冰的胶结力是冻土中最为重要的联结力。冰的含量、胶结结构对冻土的强度起着决定性的作用，致使大多数有关冻土强度的研究主要围绕冻土中冰的胶结作用展开。

冰对冻土强度的影响主要体现在其对冻土结构的胶结作用和其本身承受荷载的能力方面。在纯冰中加入少量的砂砾可降低冰的强度，含砂砾冰的强度主要由冰提供，砂砾悬浮于冰体中，对冰的结构起着弱化作用；随着加入砂砾的增多，冰的强度将会逐渐增加，砂砾含量的增加使得砂砾间开始有接触产生了键结力，提高冻土体的强度。

冻土的强度一般按照材料的强度表征方法定义和描述。由于冻土具有流变性，荷载作用时间也是影响冻土强度的重要因素。按照荷载作用时间可分为瞬时强度、短期强度、长期强度；按照受力方式和不同受力阶段分为临界强度、屈服强度、极限强度、破坏强度等，按照应力的形式又可分为抗压强度、抗拉强度、抗剪强度等。

冻土强度一般通过材料力学的实验方法确定。通过测定冻土的应力-应变曲线（又称为本构关系），在曲线中找到破坏点，从而得到冻土的强度值。以单轴压缩实验为例，图 4.6 为一组不同应变率下饱和冻结砂土的应力-应变曲线，在恒定加载速率条件下应力随应变的增大发展，直至达到峰值，然后冻土进入破坏过程，应力开始下降。此时对应的应力即为冻土的单轴压缩强度，对应的应变为破坏应变。

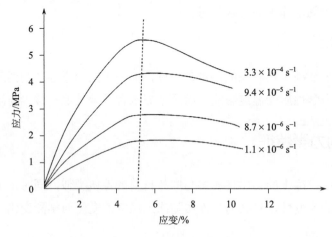

图 4.6　饱和冻结砂土应力-应变曲线（马巍和王大雁，2014）

含水量：14%，干密度：1.80g/cm³，温度：−2℃

冻土的应力-应变曲线总体可分为脆性、塑性强化型和塑性弱化型三类（图 4.7）。脆性冻土当应变达到一定程度时，应力达到峰值，随后冻土被迅速破坏。尽管许多细颗粒冻土表现出很强的塑性，但是其应力-应变关系很少呈现理想塑性的形态。塑性强化型冻土应力随应变的增加持续增大，不出现峰值应力。对于此类冻土，破坏应变往往根据实验目的给予人为的规定，超过此规定的应变即视为冻土破坏，冻土达到其强度值。塑性弱化型冻土出现峰值应力，超过峰值应力后应力随着应变的增加逐渐降低。

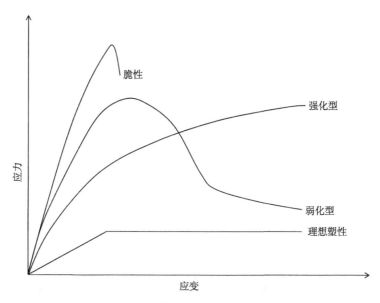

图 4.7　冻土应力-应变曲线的表现形式

　　微观测量技术研究表明，冻土在单轴压缩条件下的破坏过程伴随着冻土中微裂纹的发展，冻土结构不断被损伤，抵抗荷载的能力减弱。微裂纹的损伤过程有 4 个阶段：阶段一，微裂纹尖端单线发展，随着应力增大损伤程度加大；阶段二，微裂纹不仅纵向发展，而且开始横向发展，形成微裂纹损伤区，微裂纹从线损伤向面损伤过渡；阶段三，微裂纹区汇合，继续在纵横方向发展，且出现转向；阶段四，微裂纹区大幅度向纵横方向发展，宏观主裂纹出现，冻土破坏。

　　影响冻土强度的因素主要包括温度、应变率、土质、含水量、含盐量等。温度对冻土强度影响表现为冻土温度越低，其强度越高。温度越低，不但冻土中冰本身的强度有所提高，而且冰的胶结作用增强，从而冻土整体强度提高。应变率对冻土强度的影响反映了冻土在荷载作用下其结构调整不同阶段抵抗荷载的能力，应变率越大，冻土损伤程度越小，抵抗荷载能力越大，冻土强度也越高。不同土质的冻土其组成及结构不同，土颗粒的键结力及冰的胶结力也不同，冻土的强度也不同。一般而言，相同条件下，冻结砂土的强度大于冻结粉土，冻结黏土的强度最小。含水量对冻土强度的影响显然体现在冻土中冰、未冻水的组成及胶结程度上。含水量对冻土强度的影响表现为冻土强度先随着含水量的增大而提高，当含水量超过一定的临界含水量时，冻土的强度随着含水量的增大而降低（图 4.8）。含水量较低时，土颗粒之间接触面大，结构强，含水量的增大加强了冰的胶结作用，促进冻土强度的提高。随着含水量的不断增大，土颗粒接触逐渐弱化，冰逐渐参与到冻土的骨架结构中，冻土强度开始降低，随着含水量的进一步增大，冰在冻土中占据绝对优势，此时冻土的强度趋近于含杂质冰的强度，其值小于冰的强度。随着土颗粒的进一步减少，冻土强度实际上基本就代表了冰的强度。含盐量对冻土强度的影响主要表现在对冻土冻结温度和未冻水的影响上，含盐量越高，冻结温度越低，未冻水含量越大，冻土的强度越低。

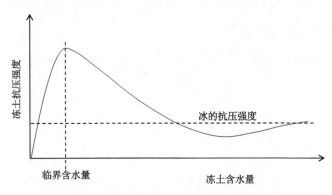

图 4.8　冻土抗压强度与含水量关系的一般规律示意图

冻土的抗剪强度是冻土抵抗剪切破坏的极限能力。其大小反映了冻土结构的联结力，特别是冰的胶结力。与分析非冻土的强度方法类似，将冻土的抗剪强度用其黏聚力和内摩擦角来表述。一般情况下，在平面剪切条件下冻土的剪切强度（τ）与正压力（σ）之间的关系即可反映黏聚力（c）和内摩擦角（Φ）的大小（图4.9）：

$$\tau = c + \sigma \times \tan(\Phi) \tag{4.24}$$

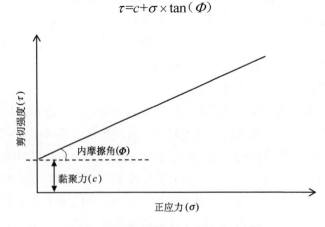

图 4.9　剪切强度与正应力关系示意图

影响冻土抗剪强度的因素主要有三个方面：①土体颗粒成分：粗颗粒土的抗剪强度要比细颗粒土高。如在相同土温（$-9.0 \sim -8.0$℃）条件下，冻结细砂的黏聚力为1.57MPa，内摩擦角为24°，而中液限冻结黏性土分别为1.27MPa和22°。②温度：冻结细砂的抗剪强度随着土温降低而增大，即黏聚力和内摩擦角随土温降低而增强。当土温接近 0℃

时，冻土的内摩擦角实际上是非冻土的内摩擦角，而黏聚力则比非冻土大得多。③荷载作用时间：在荷载长期作用下，冻土的抗剪强度降低较大。温度为-2.0℃，含水率为33%的网状构造冻结黏性土的瞬时抗剪强度为1.37MPa，长期抗剪强度仅为0.11 MPa。抗剪强度降低主要是因黏聚力减小所致，黏聚力急剧衰减是在加荷4小时以内，24小时以后衰减则很缓慢。

冻土的抗剪强度是指试验时的峰值强度，如果在峰值后继续测量应力应变，则得到剪应力随着应变的发展逐渐降低，最终趋于一个稳定值。此时的强度就是冻土的残余强度。

2. 冻土的流变性

冻土的流变性指冻土在荷载作用下表现出的随时间而持续变化的性质。冻土流变的表现形式主要包括蠕变和应力松弛。蠕变为恒定荷载作用下变形随时间的发展，应力松弛为维持一定的变形条件下应力随时间的降低过程。冻土流变性的本质是冻土内部土颗粒、冰、未冻水的联结结构在外部荷载作用下的调整和热力平衡过程，冻土的温度、冻土所受的应力状态均可以改变冻土内部的联结结构，从而驱动冻土流变性的呈现。

冻土四相体各组分之间相互联系、相互作用，其各组分含量、性质及联结方式决定着冻土的力学性质。首先，土颗粒之间的接触面积、颗粒间距影响着土骨架结构的稳定性，当受到外力作用时，一些土骨架的平衡遭受破坏，土体通过变形向新的平衡结构调整。其次，冻土中的冰是最独特的一种连接结构，由于冻土中冰及未冻水膜的存在。在荷载作用下，土颗粒接触部位会出现应力集中，使得局部未冻水和冰之间的平衡遭到破坏，部分冰融化，未冻水量增加，在较高应力区内的未冻水通过颗粒周围的水膜被挤压到较低应力区，并在较低应力区重新冻结达到新的平衡状态。与此同时，冻土中冰也在较高应力作用下发生黏滞性流动。在此过程中，土颗粒及团聚体也会沿着最大剪应力方向发生位移、重新组合和定向，以达到更加稳定的状态。另外，土体本身的结构也具有不均匀性，结构单元体的变形不尽相同，薄弱的结构单元抵抗应力的能力相对较弱，冻土的变形往往从薄弱的结构单元开始发展。当荷载较大时，颗粒间的联结作用被破坏，在薄弱处出现裂缝，造成冻土结构缺陷。随着颗粒位移的发展，冻土将快速扩展呈网状，最终导致冻土破坏。

1）冻土的蠕变

恒荷载下的实验表明，冻土的蠕变规律与其他流变性材料（如冰、高温金属等）具有相似性，其差异主要表现在参数的不同。图4.10为典型的冻土蠕变实验曲线示意图。

当外加荷载小于某一临界值时，冻土发生衰减蠕变。在蠕变曲线上表现为应变随时间减速发展，最终应变速率趋于零，蠕变变形不再发展。衰减蠕变过程中，常常发生冻土中冰的重定向和重结晶作用，冰晶的尺寸不断变小，密度增大。此外，衰减蠕变过程中，冻土中一些微裂隙缺陷逐渐闭合，开敞孔隙变小，颗粒间的不可逆相对剪切位移占优势。冻土在衰减蠕变过程中其结构缺陷被不断愈合，冻土结构向更加稳定的状态调整。

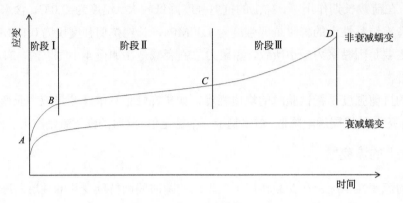

图 4.10　冻土蠕变曲线示意图

当外加荷载超过某一临界值时，冻土发生非衰减蠕变，其典型特征是冻土出现随时间不断发展的不可逆变形。根据冻土实验蠕变曲线的特征，非衰减蠕变一般被划分为三个阶段（图 4.10）。

阶段 I：应变衰减阶段（AB 段）。此阶段与衰减蠕变相似，冻土结构中水分被高应力区挤出进入地应力孔隙区重新冻结，愈合冻土结构缺陷，部分空隙闭合，开放孔隙率减少，导致冻土的流变压密作用加强，应变速率逐渐降低。

阶段 II：稳定蠕变阶段（BC 段）。冻土蠕变应变速率基本保持恒定，冻土处于恒定流变状态。此阶段冻土中的开放孔隙率减小，微裂隙的闭合作用占优势。与此同时在一些应力较高区域结构破坏形成新的微裂隙，冻土结构的稳定性在这些作用下达到相对平衡的状态。

阶段 III：渐进流变阶段（CD 段）。冻土蠕变速率逐渐增大，最终导致冻土破坏。在此阶段，新的微裂隙发展逐渐增多，引起冻土结构弱化。另外，冻土中的冰在重结晶作用下基面调整到与剪切应力方向平行，这种结构使得冻土抗剪强度降低，引起冻土蠕变速率增大，最终导致冻土破坏。

影响冻土蠕变的因素主要包括含冰量、含盐量、温度、应力状况等。含冰量是影响冻土流变性质的关键因素，含冰量越高，流变性越强。研究表明，当冻土中含冰量超过某一界限时，冻土的流变性与冰接近，这种情况下，即使在较小的外荷载作用下也会发生非衰减蠕变。该界限一般为 ω_p+35%±5%，其中 ω_p 代表塑限含冰量，超过此含冰量后，土颗粒相互基本处于分离状态，悬浮于冰中，冰成为冻土的基本骨架。含冰量小于临界值时，土骨架对冻土的变形起重要作用，含冰量越小，冻土的流变性越弱。温度对冻土流变性的影响主要体现在温度降低使冰流变性变弱，因为温度降低时胶结作用增强，冻土的结构得以强化。土体中含有盐分时，冻结温度降低，未冻水含量增大，因此含盐量越高，冻土的流变性越弱。

冻土蠕变一般采用应变（或应变速率）随时间发展的实验结果曲线拟合为经验公式来表达。衰减蠕变通常采用如下形式的蠕变方程：

$$\varepsilon = A\sigma t^b \qquad (4.25)$$

式中，ε 为蠕变应变；σ 为应力；t 为时间；A、b 为实验参数。各种影响因素体现在实验参数的差异上。

非衰减蠕变由于三个阶段不同的特征，许多模型不能描述蠕变的全过程，不同模型针对不同的需求研究了描述蠕变部分阶段的表达式。A.M.Fish 采用应变速率并结合热力学理论提出了一个描述冻土蠕变过程的方程[①]：

$$\dot{\varepsilon} = C\frac{KT}{h}\exp\left(-\frac{E}{RT}\right) \cdot \exp\left(\frac{\Delta S}{K}\right) \cdot \left(\frac{\sigma}{\sigma_0}\right)^m \qquad (4.26)$$

式中，$\dot{\varepsilon}$ 为应变速率；C 和 m 为无量纲参数；σ_0 为冻土的极限瞬时强度；σ 为应力；E 为冻土分子活化能；K 为玻尔兹曼常数；h 为普朗克常数；R 为气体常数；T 为绝对温度；KT/h 为单元颗粒体在其平衡态周围的振动频率；ΔS 为熵差。该方程引入了晶体变形中分子活化能的概念，并将变形与能量破坏条件相结合，虽然使得蠕变方程考虑了微观过程，但一些物理量对于冻土并不完全合适，且参数不易获取，因此难以应用。

Gardner 和 Jones（1984）提出了一个拟合冻土蠕变全过程的方程：

$$\frac{\varepsilon}{\varepsilon_f - \varepsilon_0} = \frac{t}{t_f}\exp\left[\left(\sqrt{c} - c\right)\right]\left(\frac{t}{t_f} - 1\right) \qquad (4.27)$$

式中，ε 为蠕变应变；ε_f 为破坏应变；ε_0 为初始应变；t 为蠕变历时；t_f 为破坏时间；c 为实验参数。

2）冻土的强度松弛

应力松弛是体现冻土流变性质的另一种方式。如前文所述，蠕变过程中，在荷载恒定的条件下冻土结构不断调整，变形持续增大，实际上是在一定的外力驱动下，冻土在不断调整其平衡状态，冻土结构不断弱化。当保持应变恒定时，冻土结构弱化后保持其平衡状态所需的应力就会逐渐降低，从而表现出应力松弛。图 4.11 是一个典型的应力松弛实验曲线示意图，表明应力松弛过程有两个明显的阶段：强烈松弛阶段和缓慢松弛阶段。强烈松弛阶段历时短、松弛量大，冻土在强烈松弛阶段应力一般会降低 30%以上。

应力松弛的程度可用松弛度（S）来表示：

$$S = \frac{\sigma_0 - \sigma_\infty}{\sigma_f} \qquad (4.28)$$

式中，σ_0 为初始应力；σ_∞ 为应力松弛最终达到的稳定应力；σ_f 为瞬时破坏应力。应力

① Fish A M. 1976. An acoustic and pressure meter method for investigation of the rheological properties of ice. US CRREI, internal report 846.

松弛度表征了冻土流变性所引起的应力损失程度，稳定应变越大，则初始应力也越大，松弛度越高，即应力松弛越强烈。由于松弛只是反映流变性质的另一种形式，影响冻土应力松弛的因素与影响冻土蠕变的因素类似。

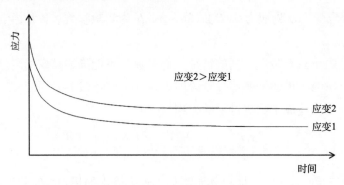

图 4.11　应力松弛曲线示意图

由于冻土的蠕变是冻土结构不断弱化的过程，冻土受到长期荷载作用后，其强度是逐渐降低的。冻土在蠕变过程中的破坏也可以看成是在缓慢应变速率下冻土的应力应变发展过程，其对应的蠕变应力显然远低于快速加载条件下冻土的强度，因此，对于流变性材料存在具有时间效应的长期强度。长期强度指在一定的时间内，冻土抵抗外部何在的能力，其值一般通过蠕变实验得到。在非衰减蠕变曲线中，所施加应力实际上就是冻土试样对应破坏时间 t_f（一般对应于稳定蠕变与渐进流变分界点，即图 4.10 中的 C 点）的强度。通过对比不同应力水平下的破坏时间与应力的关系，即可得到长期强度曲线（图 4.12）。

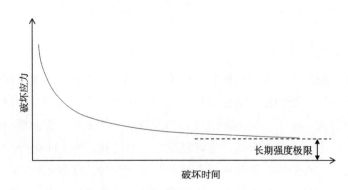

图 4.12　长期强度曲线示意图

长期强度曲线表征了冻土抵抗持续荷载的能力，体现了冻土的耐久性。长期强度极限即为冻土不发生破坏的最大应力水平，小于此应力水平，冻土将发生衰减蠕变。冻土长期强度的一般规律可表述为

$$\sigma = \sigma_0 \bigg/ \left(\frac{t}{t_0}\right)^k \tag{4.29}$$

式中，σ 为长期强度；σ_0 为对应短时 t_0 的强度；t 为应力作用时间；k 为与温度、土质、含水量等有关的实验参数。

4.4　积雪力学特征

积雪因为是季节性的，存在时间较短，但却经历积累、稳定和消融几个阶段，各种物理力学性质变化迅速，而且在同一个阶段内也因外界环境变化导致各种参数出现剧烈波动。因此，积雪力学参数多变而复杂，即使某一固定地点的积雪在不同时间差异很大。由于液态水和温度对积雪的力学性质有至关重要的影响，本节简要地阐述积雪为干雪和湿雪状态下的主要力学特征，并对积雪的力学稳定性和与此相关的雪崩和风吹雪给予概括性介绍。

4.4.1　积雪主要力学参数

积雪是大量雪粒的堆积体，是以雪粒为固体骨架的多相体，其力学性质取决于单个雪粒的性质和雪粒之间的胶结情况。

积雪雪粒是雪花降落沉积后经自动圆化的颗粒状冰晶体，如果是干雪层，其颗粒大小主要取决于温度，风速和湿度也有影响。温度越低，雪花本身尺寸越小，沉积后的雪粒晶体增长也很缓慢。风的作用是导致雪粒受压和雪粒之间摩擦，雪粒之间因接触面上出现融化而胶结，即所谓烧结作用，于是尺寸相当的雪粒连接在一起，尺寸不同时则大颗粒吞噬小颗粒。湿度大时水汽在雪粒表面的凝结使雪粒尺寸增大，也使雪粒之间出现胶结作用。积雪雪粒的晶体 c 轴取向最初都是随机的，以后随着雪层压力作用和变质过程的发展，各个雪粒晶体 c 轴取向会发生一些变化，但因为总体上压力作用较小，c 轴取向变化不大。

如果是湿雪层或干雪层表面发生融化，液态水的作用则是最重要的。液态水在雪层中不仅增加雪粒之间的黏合，还会使较小的雪粒融化。如果天气转冷温度降低，雪层中液态水冻结会使整个雪层胶结成为冰状雪。

1. 积雪的可压缩性

单个雪粒晶体的压缩性很低，可近似地被看作是不可压缩的，但雪粒之间空隙的存在使雪层具有很大的压缩空间。很显然，孔隙率越大可压缩性越大，反之亦然。

如果是干雪层，孔隙率（γ）由密度所决定：

$$\gamma = \frac{\rho_i - \rho_s}{\rho_i} \tag{4.30}$$

式中，ρ_i 和 ρ_s 分别为纯冰的密度（通常取 917kg/m^3）和雪层密度。雪层的可压缩性以

压缩系数（α）表示为

$$\alpha = \frac{\mathrm{d}\gamma}{\mathrm{d}p} \tag{4.31}$$

式中，p 为压力。通常，雪层在受压过程中，压缩系数开始较大，然后迅速下降，进一步受压则逐渐趋于一个稳定值。实验观测表明，温度、雪层结构和雪粒粒径等也对压缩系数有影响。因此，积雪压缩系数需要针对具体某一地点雪层状况和温度等环境条件通过实际观测才能得到比较准确的值。

对于低密度（300kg/m³ 以下）积雪压缩实验还表明，在压缩过程中存在一个破坏性压力，即在达到此压力之前，要使雪面下降必须不断增大压力，但当压力增大到某一个值时，雪面下降突然加快，而且即使压力不再增大雪面还会继续下降，可被称为破坏性沉陷。出现破坏性沉陷是大部分雪粒之间的链接在此压力下断开所致。在破坏性沉陷持续一段时间后则需要再增加压力雪层才会被进一步压缩。不同粒径的雪和雪层结构在不同温度等条件下，破坏性压力值是不同的，如细颗粒雪和有深霜存在的雪层破坏性压力较小，温度较低时所需破坏性压力则较大。

干雪的密实化过程研究表明，雪层压缩过程中一直伴随着密度增大，但在密度达到约 550kg/m³ 以前，主要是雪粒之间相对位移以调整雪粒的排列越来越紧密而减小空隙。当密度达到这个临界值时，雪粒的排列最为紧密，再增大压力只能是通过挤压雪粒之间的气体以减小孔隙，所需压力很大，只有在冰川上很厚的雪层中才会存在这种压缩，一直到空隙被压缩成各个独立的气泡而成为冰川冰（对应的密度约为 830kg/m³）。因此，积雪中的自然压缩过程基本都在密度低于 550kg/m³ 范围内。

2. 积雪的黏度

黏性是表征流体特性的一个重要参数，但对具有流变特性的固体，黏性也是存在的。积雪在受到力的作用下，雪粒之间的滑动会产生摩擦阻力，这种摩擦阻力以黏度或黏滞系数来表示。黏滞系数（η）与应力（σ）和应变率（$\dot{\varepsilon}$）之间的关系为

$$\dot{\varepsilon} = \frac{\sigma}{\eta} \tag{4.32}$$

如果应力是压力，η 被称为压缩黏滞系数；若为剪切，则称为剪切黏滞系数。压缩时，应变率为 $\frac{1}{\rho}\frac{\mathrm{d}\rho}{\mathrm{d}t}$，剪切时应变率为 $\frac{1}{2}\left(\frac{\partial v_i}{\partial x_j} + \frac{\partial v_j}{\partial x_i}\right)$，其中，$\rho$ 为密度；t 为时间；v 为运动速度；x 为坐标；下标 i 和 j 表示坐标轴。

实验观测表明，不同雪型（主要为粒径）和雪层结构的积雪，在同样大小的力的作用下变形量有所不同，同样的雪块在不同温度条件下的变形也有很大差异，因而积雪的黏滞系数受多种因素影响。对于冰川上雪粒粒径和雪层结构都较为均一的干雪带，有研究认为可用式（4.33）描述压缩变形（Cuffey and Paterson, 2010）：

$$\frac{1}{\rho}\frac{\mathrm{d}p}{\mathrm{d}t} = f_0 \exp\left(\frac{-Q}{RT}\right)\left[\left(\frac{\rho_{\mathrm{i}}}{\rho}-1\right)P\right]^n \tag{4.33}$$

式中，f_0 为常数；Q 为分子活化能；R 为玻尔兹曼常数；T 为绝对温度；P 为压力；n 为冰的流动定律中的常数（通常取值为3）。从而得到压缩黏滞系数的近似表达式为

$$\eta = f_0 \exp\left(\frac{-Q}{RT}\right)f(\rho) \tag{4.34}$$

式中，$f(\rho)$ 为与密度有关的常数。

3. 积雪的拉伸和断裂强度

坡面上的积雪因坡度变化某些部分会受到拉力作用，如果拉力达到断裂强度就会出现断裂。按照材料力学原理，颗粒状聚集体的断裂强度主要取决于黏聚力（又称内聚力）和内摩擦力（又称内摩擦角）。但积雪在拉伸状态下，决定断裂强度的主要为黏聚力，即雪粒之间的胶结程度。雪粒之间的胶结强弱与温度关系非常密切，如果是松散的干雪，温度越低胶结越弱；温度较高时，会有水汽向雪粒表面凝结而增加雪粒之间的胶结。然而，如果雪层不够疏松，则温度越低胶结程度越强，因而断裂强度越大。所以，积雪的断裂强度往往要通过对不同雪层结构在不同温度等条件下的实验观测来获得。

另外，压缩或拉伸的加载方式也很重要，缓慢加载和逐渐加大载荷与突然加载和快速加大载荷的效果差别很大。例如，有的实验得出的各种雪型在缓慢拉伸下的断裂强度大多约为快速拉伸下的5倍，只有深霜的快速拉伸断裂强度与缓慢拉伸断裂强度是相同的，细颗粒雪的断裂强度高于粗颗粒雪。

在自然条件下的积雪，环境温度、湿度、风速等都在不断变化，导致雪粒粒径和雪粒间的连接等也在不断变化，雪层的断裂强度也随之变化。

4. 积雪的抗剪强度

山坡上的积雪因自身重力或/和风力等外力作用会在雪层内部以及雪层与坡面之间产生剪切作用，一旦这种剪切力达到雪层的抗剪强度以后，某一深度以上的雪层或者整个积雪层就会沿坡面向下滑动。

积雪的抗剪强度与多种因素有关，特别是与雪型、雪层结构、温度、作用力以及雪的黏聚力和内摩擦力关系密切。当考虑同一类雪型和均一雪层结构在某一温度条件下的情况时，抗剪强度（τ）可由库仑公式表示为

$$\tau = \sigma \tan\varphi + C \tag{4.35}$$

式中，σ 为剪切面上的法向应力；φ 为雪层的内摩擦角，也可将 $\tan\varphi$ 称为摩擦系数；C 为雪粒之间的黏聚力。

对于完全松散的干雪，在温度很低条件下，如果没有力的作用，可认为没有黏聚力；

但是在加载以后，即使温度很低的雪粒在受剪作用下滑动摩擦生热会导致原来松散的雪粒之间出现黏合作用，因此材料力学中无黏性的理想松散体不存在黏聚力的概念对积雪并不适用。某些实验表明，无论哪种雪型的黏聚力在抗剪强度中所占比例都超过一半以上，有的甚至达 90%。

内摩擦角又是滑动摩擦和咬合摩擦的综合，滑动摩擦是雪粒之间接触面上在滑动过程中产生的摩擦力，咬合摩擦是雪粒大小不均和雪粒表面不光滑时雪粒之间相对位移必须克服的阻力。根据某些实验结果，新雪的内摩擦力最小，而密度大致相当的细雪、中雪和粗雪中，细雪的内摩擦力最大，不过实验温度不同。

由于积雪的雪型、雪层结构和密度不仅因温度不同而发生变化，受力以后也会变化，特别是当有液态水参与和有相变发生时变化更为显著。因此，积雪的力学性质非常复杂，在人为控制条件下的实验结果仅仅只能提供一定的参考。

4.4.2　积雪稳定性与雪崩

超过断裂强度和剪切强度的雪体在坡度较缓且长距离内变化不大的山坡上会以滑动形式向下坡方向运动，如果坡度很陡或者坡度变化情况下则会向下坡方向塌落或滚动以及混合运动，这些以重力作用为主的雪体运动都可归于雪崩范畴。

出现雪崩的根本原因是山坡上的积雪体不够稳定，而影响积雪稳定性的因素又是多方面的，概括起来主要包括地形条件、雪层自身力学性质及其变化、气象条件等外界因素。

1. 山坡积雪稳定条件

如果考虑一段山坡上的积雪受力情况，假定坡度（α）和雪层厚度（h）在研究范围内保持不变，雪层密度（ρ）均一，则坡面上单位宽度单位长度的雪体重量作用在山坡上后可分解为平行于坡面的力和垂直于坡面的力，分别为 $\rho h g \sin\alpha$ 和 $\rho h g \cos\alpha$，坡面对雪块的剪切力与平行于坡面重力作用大小相等、方向相反。依据式（4.35），这块雪的抗剪强度为

$$\tau = \rho h g \cos\alpha \tan\varphi + C \tag{4.36}$$

那么，这块雪的稳定条件就是坡面的剪切力要小于抗剪强度，即

$$\rho h g \sin\alpha < \rho h g \cos\alpha \tan\varphi + C \tag{4.37}$$

式（4.36）表明，积雪的稳定条件取决于雪层本身的力学性质（黏聚力和内摩擦系数）、山坡坡度和雪层厚度。如果雪层状况和山坡坡度已经确定，雪层厚度就成为决定性因素。也就是说，在雪层厚度达到某一临界值之前，雪层是稳定的；超过这个临界值厚度，雪层就会沿坡面滑动；刚好处于这个临界厚度，雪层就处于临界状态，即使微小的诱发力也会引起雪层运动。依据式（4.37），可得到临界厚度（h_c）的表达式为

$$h_c = \frac{c}{\rho g(\sin\alpha - \cos\alpha\tan\varphi)} \tag{4.38}$$

对于某一山区，当依据实验大致确定不同雪型的内摩擦角和黏聚力之后，可以根据式（4.38）计算各种雪临界厚度。积雪稳定的临界厚度与坡度成反比例关系，坡度小则临界厚度大；当坡度很小时，临界厚度趋于无限大，可以将这个坡度称为安全坡度。

有研究认为，在主要考虑抗剪强度的情况下，还应当将断裂强度也予以考虑，因为雪崩发生是多种力的综合作用结果（王彦龙，1993）。

2. 积雪力学性质变化对稳定性的影响

积雪虽然是颗粒状物质的堆积体，但与砂石、干土等固体物质的堆积体显著不同，积雪即使在没有外力作用和温度不变情况下也会发生变质作用而改变其力学性质。

在环境不变条件下，雪层自身变化主要是雪粒粒径增长和密度变化，而粒径和密度变化后雪层的黏聚力和内摩擦角也随之变化，因而积雪的稳定条件随之改变。另外，雪层的各种参数在竖向和水平方向上通常都会有变化，某一区段或者某一深度内的雪体发生滑动会对相邻的雪体产生影响，从而带动原来稳定的雪体也运动起来。所以，雪崩的发生往往是空间上由小到大。

如果积雪中某些物理特征指标如密度、硬度、粒径等随深度出现突变，则导致断裂强度和剪切强度也出现突变，强度较低的层位就会成为不稳定层。积雪力学实验表明，中细雪的断裂强度和抗剪强度比较高，深霜的断裂强度很低，因此深霜层是雪层中的不稳定层，深霜是雪崩最易发生的雪型。

另外，如果某深度上存在硬度大而光滑的层面，则这个层面就会成为上覆雪层的滑动面。由于这种层面比陆地地面更为光滑，雪层在这种面上的滑动比在地面上滑动所要克服的剪切力更小，滑动更为容易。所以，常见的雪崩往往并不是整个雪层沿地面滑动，而是某一深度以上的雪层滑动，因为积雪体大多都是多次降雪的累积，较早降雪的雪层表面因风力和太阳辐射共同作用会形成相对坚硬的光滑面。

3. 气象条件对积雪稳定性的影响

积雪是负温条件下固态降水持续累积的产物。山坡积雪是否发生雪崩等运动，气象条件仍然是主要的决定因素。从增大雪层的重力和改变雪层结构来看，导致积雪不稳定的气象要素主要为降水、风力和温度。

降水造成积雪不稳定的过程包括两个方面：一是在原有积雪条件下，新的降水增加整个雪层的重力，导致雪层受力达到或超过剪切强度和断裂强度；二是新降雪的密度比原有雪层低很多，虽然雪量增加有助于增大雪的黏聚力，但持续性降雪会使不稳定临界厚度达到的速度远大于黏聚力增大速度，致使上层低密度新雪首先达到不稳定而出现沿老雪面的滑动，进而带动老雪层运动。因此，持续性强降水过程是引起雪崩的重要因素。

风的作用也很重要。风既可以对雪层带来一定压力，也可以吹起表层疏松的雪形成风雪流，或称风吹雪。如果下层雪原来就已经接近不稳定状态，风压和风吹雪就会触发下层雪发生雪崩。通常风力大小和风向都是瞬时变化的，要准确描述风的作用非常困难，一般都是考虑某一时段最大风速和主要风向的大致影响。

　　气温的作用极为关键，不同气温下雪的变质过程和物理力学性质会有很大差异。大致来说，气温较高特别是高于 0℃时因液态水出现使雪层的黏聚力和黏滞度会显著增大，但若液态水含量较多，液态水会解除雪粒之间的胶结；如果原来是湿雪，温度降低会使雪粒之间相互固结在一起，断裂强度和抗剪强度又非常大。另外，自然界气温又处于不断变化中，所以温度对积雪稳定性的影响最为突出又极为复杂，不同温度条件下都可发生雪崩。积雪区冬季气温普遍较低，发生的雪崩为干雪雪崩；春季的雪崩为湿雪雪崩。发生干雪雪崩的主要原因是雪层底部深霜发育，湿雪雪崩则是因为融水融掉了雪粒之间的胶结。但是，如果积雪厚度较小，即使有深霜发育也不一定发生雪崩；如果融水量很大使雪层饱和，则会出现雪浆流动而不是雪崩。

　　除了地形、雪层结构和气象条件外，雪崩的发生还与积雪下垫面特征有很大关系，物质不同的下垫面及其粗糙度对积雪滑动的阻力是不一样的。

4.4.3　风吹雪

　　风吹雪是指在风力作用下由风将地面上的雪粒吹刮起来沿下垫面和近地面空气中运动的现象，又称风雪流，或简称吹雪。但是，在降雪天气特别是暴风雪天气中，在近地面空气中运动的雪有些是从上空中正在降落的雪，有些是地面原来沉积的雪。

1. 风吹雪的起动

　　形成风吹雪的必要条件是地面有足够量的雪（物质条件）和足够使雪粒运动的风力（动力条件）。有足够量的雪实际上并没有确切的数量界限，应该说地面上只要有积雪就可以。能够将地面上的雪吹动起来并使部分雪粒在空中运动的最小风速为起动风速，有研究者认为应该以雪面以上 1m 高度处的风速为准（王彦龙，1993）。起动风速必须克服雪粒重力、雪粒间的黏聚力和摩擦阻力，因而影响起动风速大小的因素最主要为雪的性质，其次为温度等外界条件，还有地形和地表因素。

　　雪的性质主要包括雪粒粒径、密度和黏聚力等。很显然，颗粒粗、密度高和黏聚力大的雪需要的起动风速较大。据某些实验观测（王彦龙，1993），温度低于–6℃时新降干雪（粒径小于 1mm，密度 60kg/m³）的起动风速为 2m/s，细雪（粒径小于 0.5mm，密度 180kg/m³）的为 4m/s，老细雪（粒径 0.5～1mm，密度 230kg/m³）的为 6～8m/s，拟合的起动风速（V_0）与粒径（D）之间的经验关系为 $V_0 = 3.4+1.5\sqrt{D}$。新干雪粒径并不小于细雪，但起动风速小的原因主要是密度很小，另外也有部分雪花还未成为颗粒状。

密度对起动风速也很重要。新降雪的密度为 50kg/m³ 或更低（有观测到 10kg/m³ 以下的），起动风速也很小。当密度超过 100 kg/m³ 时，起动风速明显增大。密度超过 300～400 kg/m³，雪粒之间黏聚力较强，就很难被风吹起。

　　温度的变化常常产生综合效应。上面所说都是温度低于–6℃的情况。当温度较高时，降落的雪粒尺寸较大，再加上湿空气中的水汽使雪粒之间的黏聚力显著增大，致使新降雪的密度越低，所需起动风速反而越大。但是，若没有新降雪，原来雪层的密度和粒径以及黏聚力等，在温度变化时也随之变化，从而在不同温度条件下所需的起动风速也不一样。

　　地面粗糙度对风吹雪起动风速也有影响，粗糙度大无疑会阻碍风吹雪。

2. 风吹雪的运动

　　雪粒被风吹动后可有三种运动形式：一是沿下垫面滚动运动，二是跳跃运动，三是悬浮在空中随空气运动。风速达到起动风速以后，大多数雪粒首先以滚动形式运动，少数粒径较小的雪粒被吹起来跃入空中随之又落下以跳跃形式运动。实际上，将雪粒沿下垫面的运动看成滚动运动并不严格，因为沿下垫面的运动还包括雪粒的滑动运动。按照物体运动的惯性原理，当雪粒运动起来以后，进一步运动所需要外力仅仅只是克服雪粒与下垫面的摩擦力，风力稍许增加，雪粒就会持续运动。而且，跃入空中后雪粒与下垫面不仅没有摩擦，还受到气流空吸作用（气流垂直方向上的速度差产生对物体的吸力）。因此随着风速增大，更多雪粒加入跃动行列，雪粒跃动距离和高度也不断增大，更有部分原来跃动的雪粒随跃动高度增大而逐渐悬浮在空中随气流运动。

　　雪粒跃动的轨迹可用下列方程描述（王彦龙，1993）：

$$x = V_0 t \cos \alpha \tag{4.39}$$

$$y = -\frac{1}{2} g t^2 + V_0 t \sin \alpha \tag{4.40}$$

$$y = x \tan \alpha - \frac{g x^2}{2 V_0^2 \cos^2 \alpha} \tag{4.41}$$

式中，x 和 y 分别表示雪粒质点的横坐标和竖坐标；V_0 为起动风速；g 为重力加速度；t 为时间；α 为雪粒跃起方向与下垫面的夹角。

　　观测到的雪粒跃动高度基本在 0.3m 以内，在空中随气流悬浮运动的高度变化范围较大。通常将高度 2m 以下的风吹雪叫低吹雪，将高度大于 2m 的风吹雪叫高吹雪。

　　对于风吹雪中雪粒运动可以通过风洞实验装置进行模拟实验进行研究。

3. 风吹雪的沉积

　　当风速减小时运动的雪粒就会逐渐静止下来。因此，常见风吹雪把一个地方的雪搬运到另一地方沉积下来。风吹雪沉积过程比较复杂，影响风吹雪沉积的主要因素是风吹雪前进的方向上遇到障碍物或地形起伏变化，引起局部风速减弱。

气流遇到水平尺度较小的障碍物时，在迎风面因气流受阻雪粒被阻挡沉积下来，障碍物侧面因气流受挤压而速度增大，雪粒从侧面绕过障碍物后在障碍物背面因风速减小而沉积。毫无疑问，障碍物水平尺度越大对风吹雪的阻挡越强。

一般来说，地形起伏相比于障碍物尺度要大得多，洼地和背风山坡面是风吹雪沉积区。对大尺度平缓但局部凸凹的地形来说，凸起地段是风吹雪侵蚀区，凹洼地段是沉积区。对山坡地形来说，山脚是沉积区，山梁顶部是侵蚀区，山梁顶部背风处则可因吹雪沉积形成雪檐。

4.5 河湖冰力学和动力学特征

河冰和湖冰都属于陆地地表水体中的季节性水冻结冰，但它们形成和变化过程因水体动态状况不同而有差异，因而他们的力学和动力学特征既有相同之处，也有不同之处。相对来说，湖冰基本上可看作是静止的，如果为淡水湖泊，其基本的力学性质可借鉴河冰研究结果，如果是咸水湖，则可借鉴海冰的研究结果。所以，本节主要阐述河冰的力学性质和动力学特征，只简单提及湖冰的特性。

4.5.1 河湖冰力学性质

1. 河湖冰基本力学性质

自然水体冻结形成的冰，基本上可看作 c 轴取向是随机的（尽管实际上有时 c 轴取向也有一定程度的倾向性，见第 2 章）。常见的河冰和湖冰厚度很少超过 2m，其自重和水体施加的力尚不足以使其 c 轴组构显著改变，因而可近似地认为属于各向同性冰体。

一般来说，河冰和湖冰杂质含量较低，密度较接近 917kg/m³，各种力学参数（弹性模量、刚度模量、泊松比、体积模量和强度等）可取纯净冰的值，变形规律也与纯净冰的一样。需要指出的是，冰的各种强度除了与冰样形状和尺寸有关外，与施加应力的方式和温度条件也有很大关系。特别是当河面和湖面全部封冻以后，在一定温度条件下，以什么样的方式施加多大重力而使冰体不发生断裂具有非常重要的实用意义。

冰的硬度和断裂强度随温度变化而有所不同，温度低时硬度和断裂强度大，反之亦然。摩斯硬度（相对硬度）在温度低于–40℃时硬度大于 4，–20℃时约为 3，0℃时约为 1.5。压缩断裂强度在温度低于–10℃时为 1～1.2 MPa，温度高于–10℃时降低到 0.7 MPa 以下。

实际情况中，河冰的种类很多，按冰体构造和形状主要可分为棉冰、冰针、冰屑、冰花、冰凇、块冰和封冻冰等。棉冰是雪落在水面形成的片状或团状的松软冰，冰针是水内开始结冰时形成的针状冰（易在静态水中形成），冰屑是水中颗粒状冰聚集但又尚未完全固结成一个坚实的整体，冰花是由棉冰或冰针等组成的不规则形状冰体，块冰是封冻冰破碎或其他类型冰集结成的大块状冰，封冻冰是水面持续冻结、竖向和水平面上不断增长最后覆盖整个河面且与河岸冻结在一起的连续冰体。因此，河冰承载力主要是针对封冻冰而言。

在给定温度条件下，封冻河冰承受压力的极限即断裂强度不仅与施压方式（静荷载还是动荷载）有关，也与施压点的距离有关。例如，人或者交通工具很缓慢置于冰面上还是快速运动过冰面、几个重量分散放置还是集中于一个点，其结果是不一样的。表 4.1 为有研究者总结的河冰承载力情况（蔡琳等，2008）。另外，同样厚度的冰，其承载力应该还与河流宽度有关，宽度越小，承载力越大。

表 4.1　封冻河冰允许交通通行的厚度（蔡琳等，2008）

重量类别	总质量/t	车轴压力/t		所需冰厚/cm	允许间隔距离/m
		前轴	后轴		
单人				5	3
双人并排				7	7
牛、马	0.5			10	10
汽车	3.5	1	2.5	25	15
载重汽车	6	2	4.0	30	15
载重汽车	10	3	7.0	40	15
履带拖拉机	12			45	15
履带拖拉机	25			55	20

2. 河湖冰的热膨胀及其对建筑物的影响

河冰和湖冰对与其接触的建筑物和堤岸会产生静力学和动力学破坏作用，静力学作用主要是指冰体在温度变化时因体积膨胀或收缩而产生的作用力，动力学作用是冰块在运动过程中所产生的冲击力作用。

冰的热膨胀特性既属于冰的热学性质，又因为冰的体积变化产生力的作用，在冰的力学性质研究中也极为重要。第 3 章对纯净冰的热膨胀系数早期实验研究的总结表明，冰的热膨胀系数是随温度线性变化的，按照式（2.11），$-10℃$时冰的线膨胀系数为 $52×10^{-6}/℃$，$-20℃$时为 $49.6×10^{-6}/℃$。冰的这种体积增大所产生的力相当巨大，有实验研究表明如果将冰置于封闭容器中，冰的体积膨胀产生的力可达数千个大气压。由于温度对冰的膨胀具有决定性作用，要得出某一地点河冰或湖冰对堤岸和建筑物的静压力及其变化，需要对冰体的温度场和应力场进行模拟研究。

在工程上，需要考虑建筑物的抗冰能力，于是各种静冰设计原则（经验公式）被提出来（马喜祥等，2009），其中比较简单的为

$$p = MRbh \tag{4.42}$$

式中，p 为冰对建筑物的最大作用力；M 为建筑物形状参数；R 为建筑物极限抗压强度；b 为冰与建筑物接触面水平投影宽度；h 为冰体厚度，常取百年一遇最大值的 0.8 倍。

另外，冰体收缩也对建筑物和河湖岸有作用力。如果冰体收缩，会对冻结在一起的接触物体产生拉力，形象的说法就是拔蚀作用。由于自然条件下气温具有升高-降低波动变化特点，封冻河湖冰对建筑物和河湖岸的反复挤压-拉伸极具破坏作用。

4.5.2 河冰运动和动力学特征

1. 河冰的运动

河冰的运动形式和过程非常复杂。从河流开始结冰起，河岸和河水中冻结的冰虽然规模不断增大，但直到河面全部封冻之前，除岸冰之外的各种冰块都是随水流而向下游运动的。不同类型冰体随水流运动情况并不相同，但总体上冰块的运动速度小于水的流速。由于河道、水流断面、水的流速等多种因素随地点的变化，在某些河段（如水流缓慢河段或河流中有障碍的地段），冰块的运动速度缓慢到一定程度时，因上游来冰速度较快，就会使冰块聚集，阻挡水流，雍高水位。如果持续低温，聚集的冰块会冻结固结在一起，阻挡更多的来冰，形成冰坝。

在河冰解冻期，有些上游河段先于下游开始解冻，随水流向下游运动的冰块在未解冻河段被阻挡，在封冻冰下面冰块聚集形成冰塞，使水位雍高到封冻冰之上。另外，在解冻后的河段，在水流缓慢或者有障碍的区段，类似于结冰期，也可形成冰坝。

通常将河流中随水流动的冰块称为流凌，开放河段流凌聚集形成的冰坝和封冻冰之下形成冰塞都可阻挡水流，一旦冰坝溃决或者冰塞区段冰体崩解，都可引起洪水暴发，统称为冰凌洪水或凌汛。

河冰冰块的运动与冰块大小和冰块密集度有关，但更大程度上取决于水流流速，而水流流速既与河道各种参数有关，又因冰块加入而改变水的流速场。此外，温度不仅是河流结冰和河冰解冻融化的关键因素，在河冰冰块运动过程中也对冰块融化减小或冻结增长有重要作用。所以，河冰的形成和运动与河流水力学、固液二相流及其热力学紧密交织在一起，成为多因素相互作用的复杂系统。

2. 冰水二相流

各种冰块在河水中随水流一起流动属于固液二相流，但因冰块大小不一，与河流中泥沙悬浮流动的情况有一定程度类似，但又有很大不同。由于冰块的大小、形状、密度和结构等复杂多样，理论研究中仍然主要假设冰块为尺寸较为均一的碎块物质。然而，即便如此，由于冰和沙相对于水的比重不同，泥沙主要在靠近水流底部，冰块则靠近水面。

由于河冰和水流的混合运动比一般的二相流更为复杂，对河冰运动的准确模拟极为困难。通常情况下，除了粗略假定冰块形状、大小、密度和密集度为均一以外，还要假设冰块在运动过程中没有质量变化（即不存在相变），然后有两种方法建立冰-水二相流运动模型。第一种是将水流和冰块分开各自建立运动和连续性方程，求解出水和冰各自运动速度分布以后，再进一步将两个速度场偶合起来。还有一种方法是采用二相流"浑浊"模式，即将固相和液相的混合物作为研究对象，或者将固液两相速度加权平均获得混合物流速特征。

河冰运动中水和冰是相互作用的，由于冰块的加入改变了原来的水力学条件，水流运动和速度分布发生变化；冰块在水流的推力和浮力作用下发生运动，其运动速度分布既取决于水流给予的动能，又与冰块自身特性有关。特别是在固液相界面上，各个运动参量都发生跳跃，通过界面存在固液相之间的质量、动量和能量传递。因此，第一种将固液相各自分开建立运动方程很难实现，第二种混合模型与实际偏差较大。所以，各种不同假设条件下的近似模型和由实地观测资料统计得出的经验半经验模式不断涌现。

3. 冰凌对建筑物的冲撞

在河流结冰期和解冻期，都会有大量冰块在河流中输运，这些流动的冰块亦即冰凌对桥墩、堤坝和其他各类建筑物的冲撞是河冰动力学研究的一个重要方面。冰凌对建筑物的冲撞可产生两方面作用，一是对建筑物施加冲击力，二是与建筑物接触面的摩擦。

冰块冲击力的作用就是突然给建筑物施加一个压力，如果这个压力超过建筑物抗压强度，建筑物就会出现断裂。对于很大的冰体撞击独立墩柱时，冰体作用于垂直建筑物接触面上的压力可用形式类似于式（4.42）的经验公式计算（蔡琳等，2008）：

$$F_p = mR_i bh \tag{4.43}$$

式中，F_p 为冰压力；R_i 为冰的抗压强度；m、b 和 h 含义与式（4.42）中的相同。

如果巨大冰体撞击斜坡建筑物时，其压力可分为水平分量 F_{ph} 和竖向分量 F_{pv}，分别由下列公式计算：

$$F_{ph} = kR_i h^2 \tan\alpha \tag{4.44}$$

$$F_{pv} = \frac{F_p}{\tan\alpha} \tag{4.45}$$

式中，k 为建筑物形状系数，取值与 m 略有不同；R_i 为冰的抗弯强度；α 为建筑物斜面与水平面的夹角。

如果与建筑物相比，流动的冰块很小，则可简单地用冰块质量和运动速度计算冲击力，但其冲击力不足以对建筑物构成毁坏威胁。

流动冰块与建筑物接触的摩擦力相对于冲击力来说要小得多。虽然流凌对建筑物的摩擦和小冰块对建筑物冲击短时期内可以忽略，但多年长期作用对建筑物还是有损害，在建筑物设计中需要依据建筑物期限和当地冰凌情况来考虑。

4.6　海冰力学和动力学特征

4.6.1　海冰力学性质

1. 海冰的盐度、密度和晶体结构

1）盐度

海冰因为是由咸水冻结形成的，其结构特征与淡水冰有所差异。海水结冰时，水分子首先形成冰晶体，海水中的盐分则被排斥在冰的晶格之外成为高盐度卤水。由于卤水比重较大，于是大部分卤水冲破周围冰晶体的封锁而进入未冻结海水中，只有少部分尚未流失的卤水在海水进一步冻结过程中被周围冰晶体包裹起来。海冰中卤水存在的空间被称为盐泡。海水冻结过程中还会裹挟一些空气以气泡形式封闭在冰内。如果温度非常低，极少量盐分能够以结晶盐的固态形式留存于冰内。因此，海冰是一种多相体混合物，尽管冰质占绝对优势。

由于海水冻结过程的脱盐效应，海冰盐度比海水盐度小得多：通常海水的平均盐度为3‰左右，形成的海冰平均盐度则大致为0.3‰～0.5‰，即大约为海水盐度的1/10。随着海冰冰龄增长，海冰盐度还会持续降低。其原因在于温度的波动会使海冰出现间歇融化，融水冲刷并带走部分盐分。观测到冰龄超过一年的海冰盐度大多为0.1‰左右。

2）密度

海冰的密度也不是常量，影响海冰密度的因素主要为盐分、气体含量和温度。盐分是海冰中主要杂质成分，因而海冰盐度的变化对海冰密度有重要影响。海冰中气泡（可用孔隙率表示气体体积）也随着冰龄而变化。温度的变化可导致海冰体积的膨胀或收缩。一般来说，海冰形成时的密度较高，较接近纯净冰密度（917kg/m³），也曾有观测到海冰密度大于纯净冰密度的例子。随着冰龄的增长，海冰密度总体上呈减小趋势，甚至可以降低到800kg/m³以下。关于海冰密度与盐度、气体体积和温度之间的定量关系参见第5章"海冰的热学性质"。

3）晶体结构

通常海冰的晶粒形状主要为柱状和颗粒状两种形式，其中上层多为颗粒状晶体，下层主要为柱状晶体。颗粒状晶体的 c 轴取向基本是随机的，柱状晶体的 c 轴多倾向于水平，但大多与水平面有一定的夹角。在不同海域不同环境条件下观测到的海冰晶体 c 轴组构存在差异。总体来说，厚层海冰中柱状晶体所占比例较大，晶体结构具有一定的各向异性特征。相比于冰川冰等其他冰体，海冰的晶粒尺寸较大，粒径大多在 3mm 以上，

一年以上的海冰的粒径甚至可超过 10mm。

2. 海冰的力学性质

海冰由于含有盐分，力学性质与纯净冰存在差异，但基本的变形规律还是遵从纯净冰蠕变定律（Glen 定律）。通常关于海冰力学最受关注的是强度问题，因为海冰强度涉及许多实际工程应用。温度是影响海冰各种强度最重要的因素，其次是盐度（常用卤水体积表示），其他因素如晶体结构等，则仅在某种强度指标中影响显著。

1）拉伸强度

对多种海冰样品的实验观测表明，晶体 c 轴取向、温度和卤水体积对拉伸强度的影响非常明显。不同 c 轴组构可使拉伸强度相差 1 倍以上，但无法建立定量关系式。温度变化也可导致 1 倍的差异，主要特征是拉伸强度与温度之间具有反相关关系，但不同实验结果的差异较大。卤水体积以及总孔隙率与拉伸强度具有反相关关系，据某些实验得出的拟合关系式为（Timco and Weeks, 2010）：

$$\sigma_t = 4.278V_t^{-0.6455} \tag{4.46}$$

式中，σ_t 为拉伸强度，MPa；V_t 为总孔隙率，ppt，是卤水和气泡体积的总和。

2）压缩强度

海冰的压缩强度也与温度、冰结构、盐度、密度等诸多因素有关。但实验结果显示，温度的影响虽然显著，但影响程度低于拉伸强度。冰样尺寸大小对压缩强度影响很弱，但对平板型冰样来说，随着冰厚度增大，压缩强度有增大趋势。如果将盐度和密度一起用总孔隙率来代表，则考察不同冰结构和应力方向对压缩强度的影响。某些单轴压缩实验结果表明，对柱状晶粒竖向应力作用下的压缩强度高于水平应力作用下几倍的值，颗粒状冰晶粒的压缩强度略高于柱状晶粒水平应力作用下的值，压缩强度（σ_c）与总孔隙率（V_t）的平方根具有线性关系趋势，而且应变率（$\dot{\varepsilon}$）的效应也很明显，可用下式（Timco and Weeks, 2010）表示：

$$\sigma_c = A\dot{\varepsilon}^{0.22}\left(1 - \left(\frac{V_t}{B}\right)^{\frac{1}{2}}\right) \tag{4.47}$$

式中，A 和 B 为常数，对颗粒状晶粒的冰，可取 A 和 B 分别为 49 和 280；对柱状晶粒的冰，竖向加载取值为 160 和 200，水平加载取值为 37 和 270。

3）弯曲强度

依据海冰悬臂梁实验观测结果，影响海冰弯曲强度的主要因素是温度和卤水体积。相比之下，其他因素的影响则要弱很多。有研究者将纯冰和一年海冰的实验数据一起拟

合的拉伸强度（σ_f）与卤水体积（V_b）的关系为（Timco and Weeks, 2010）

$$\sigma_f = 1.76 \exp\left(-5.88 V_b^{\frac{1}{2}}\right) \qquad (4.48)$$

4）剪切强度

剪切实验难度较其他实验难度大，因而实验数据较为离散。海冰剪切强度除了与温度有关外，晶体结构和卤水体积的影响是非常重要的。对柱状晶粒的海冰沿柱体轴向的剪切强度和垂直于轴向的剪切强度显著不同。剪切强度也具有随卤水体积增大而减小的特点，但不同实验结果差异较大，尽管大致上可拟合出与总孔隙率平方根具有线性关系，如Frederking 和 Timco（1984）得出柱状晶粒海冰竖向剪切强度（σ_s）与总孔隙率的关系为

$$\sigma_s = 1500\left[1 - \left(\frac{V_t}{390}\right)^{\frac{1}{2}}\right] \qquad (4.49)$$

5）弹性模量

卤水体积增大和温度升高都会降低海冰的弹性模量，但前者的影响具有线性关系特征，后者的影响则是非线性的。

6）断裂强度

海冰断裂实验结果显示，加载速率的影响比较显著。在某一温度条件下，存在一个临界加载速率：小于这个临界加载速率，断裂强度几乎为常数；大于临界加载速率，断裂强度呈现线性下降。晶粒粒径似乎对断裂强度也有一定影响，较大粒径冰的断裂强度也较大。

总体来说，一般海冰强度都是通过各种冰样的实验观测来获得，也有少量对现场原位冰的观测。由于实验条件和冰样特征等并不能保证对所有实验都一样，不同的实验结果之间的差异在所难免，有些差异还很大，特别是同一种冰样的实验结果也会出现差异。另外，某些强度指标的实验研究较多，有些则很少。还有，影响冰的强度的因素较多，这些因素相互之间也有影响，而实验考察某种因素的影响时，往往对其他因素尽量设定为不变。因此，对表征海冰力学性质的各个参数及其与各种影响因素的关系，需要针对具体地点海冰状况进行实验研究。

4.6.2 海冰动力学特征

1. 海冰的运动

海冰运动的主要驱动力为风力和海水运动（海浪、海流等）。形成海冰的极地海域和

中纬度近海，常有较强的风力作用；海水更是处于不间断运动中。在这些驱动力作用下，无论是碎块浮冰还是大片浮冰，都会随之发生运动。由于浮冰之间存在形态、规模和重量等方面差异，再加上风力和海水运动也随地点而变化，各浮冰的运动速度和方向并不相同，从而使浮冰之间出现相互碰撞、挤压、剪切。

在南极和北极地区，除了局地海冰运动过程中的相互碰撞和挤压外，受盛行大气环流和洋流的影响，整个北冰洋和南大洋的海冰具有大尺度漂流的框架路线。在南极绕极流驱动下，南极海冰具有绕南极大陆顺时针环绕运动的总趋势。在北极地区，穿极流（transpolar drift stream）驱动海冰由北冰洋通过格陵兰与斯瓦尔巴群岛之间的弗拉姆海峡（Fram Strait）向北大西洋漂流是大尺度海冰运动的主要特征。

至于近岸海冰，随海风和陆风之间的变换，或者向海岸运动，或者由海岸向海洋方向运动。

2. 缘于运动的海冰地形特征

1）冰脊

海冰无论是大片浮冰还是块状浮冰群，在运动过程中的相互碰撞、挤压和剪切的结果会形成一些特殊的海冰地形，其中最重要的是脊状地形，简称冰脊。冰脊的形成过程为：当两块大面积的海冰撞击后首先产生许多碎块冰，这些碎块冰被挤压出大面积冰之间的缝隙，一部分上升到大面积冰之上堆积起来，一部分则下沉到大面积冰之下聚集，在大面积冰之上就形成脊状碎冰堆积地形，高度可达数米。由于这种冰脊形成主要缘于破碎冰被挤压，又常被称作挤压冰脊（pressure ice ridge）。

2）剪切带

当浮冰沿平行于海岸线运动时，与固定岸冰摩擦剪切而形成碎冰带，被称为剪切带。两大片浮冰如果运动方向不一致，或者运动速度存在明显差异，相互之间也会有摩擦剪切。

3）冰间水道

当海流和风力作用的方向相反时，海冰受到拉伸力作用，再加上海水的上下运动作用，原来连续的大面积海冰会沿厚度较薄或者作用力较强的地带发生断裂，断裂缝隙进一步扩张就形成狭长的开阔水道，被称为冰间水道。

冰脊、剪切带和冰间水道形成的主要机制是海冰运动引起的碰撞、挤压、剪切和拉伸断裂等动力过程，图 4.13 综合性地展示了这几种海冰地形特征及其形成原理。

总体上，对海冰运动和运动过程中各种力的相互作用导致的应力场、应力-应变关系和运动速度分布的定量描述是极为困难的，目前基本上还处在概念性描述阶段。

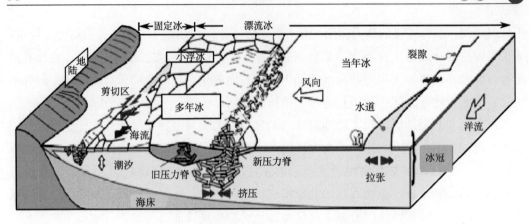

图 4.13　海冰的冰脊、剪切带和冰间水道形成原理示意图

资料来源：https://www.wikipedia.org

4.7　冰架运动和动力学特征

4.7.1　冰架运动

冰架是冰盖向海洋的延伸部分，因而冰架运动与冰盖运动之间具有连续性。但由于冰架底部在海洋中，与陆地截然不同的底部条件决定了冰架的运动方式与冰盖运动又有很大差异。

来自冰盖的陆上冰体越过触地线以后进入海水中，在陆地冰的推动下向海洋继续运动。但是近海岸海域常分布有岛礁，这些岛礁会使冰体搁浅，搁浅区的冰面出现明显的隆起（ice rise）。围绕冰隆起的冰的运动方向具有由顶部向四周放射状分布的特征。岛礁对冰体的剪切作用常使冰隆起的周围出现一些裂缝。浅水区冰架底部也会在沙滩上搁浅，但沙滩搁浅仅会减缓冰体向海洋方向运动的速度而不改变运动方向。

在离开浅水区以后，冰体继续向远海方向运动，其动力来自两方面：一是源源不断来自陆地冰施加的推力；二是冰体在自重作用下的塑性变形。冰架在触地线附近的厚度可达上千米，在海洋中向前运动过程中，塑性变形使冰体厚度逐渐减小。据冰体所受应力和塑性变形与脆性断裂特性的分析，自由边界上冰体能够保持的最大厚度约为30m，因而冰架前缘的冰崖高度大多都只有几十米（Cuffey and Paterson, 2010）。

按照冰架的分类，冰架主要分为无侧限冰架、有侧限冰架和峡湾冰架。无侧限冰架的两侧没有阻力，底部海水的阻力也很微弱到可被忽略。因而水平运动速度不随深度变化。如果厚度较为均一的话，向海洋方向的水平运动速度在横向上大致为常量，向两侧扩张的水平速度也是对称的。特别是远离触地线以后，向前方运动和向两侧扩张运动的速度也可近似地认为是相同的，从而有水平面上任意方向的运动速度相等的假定。冰架在自重作用下通过塑性变形水平扩张以减少厚度的过程也具有竖向运动速度，但与水平速度相比则小得多。通常水平速度都在每年数百米量级上，有的在冰架前缘水平运动速度甚至达每年上千米，而竖向速度仅在每年数米量级上。冰架表面和底部的物质积累具有抵消冰架向两侧扩展引起的厚度减小的效应，消融则具有加速厚度减小的效应；如果冰架处于稳定状态，即厚度保持不变，则竖向运动速度与物质平衡在数量上相等。

有侧限冰架和峡湾冰架的运动有点像山谷冰川的滑动运动，但海水对冰架底部的摩擦阻碍却是微弱到可以忽略不计，与冰川底部受底床剪切摩擦阻碍截然不同。在水平方向上，由于受两侧谷壁的约束，横向运动可忽略（如果谷宽有变化，某些地段也会有横向运动）；朝前端方向的运动速度在中流线上最大，向两侧方向呈减小趋势。有侧限冰架出谷口后的运动与无侧限冰架一样，峡湾冰架整体上全在峡湾内，一直受两侧谷壁的限制。

4.7.2 冰架动力学特征

1. 冰架运动的驱动力

依据冰架通常的形状和应力作用分析（Cuffey and Paterson, 2010），如果冰架前端为比较均一的冰崖，总的冰厚度为 H_m，水面以下被水淹没的冰厚度为 H_s，假定露出水面的冰崖高度（或称水面以上的冰厚度）仅有浮力所决定，则 H_s 和 H_m 之间的关系为

$$H_s = H_m \frac{\rho_i}{\rho_w} \tag{4.50}$$

式中，ρ_i 和 ρ_w 分别为冰和海水的密度。

冰崖产生使冰体向前扩展的单位宽度上的拉伸力 F_T 为

$$F_T = \frac{1}{2} \rho_i g H_m \left(1 - \frac{\rho_i}{\rho_w}\right) = \frac{1}{2} \rho_i g H_m h \tag{4.51}$$

式中，g 为重力加速度；h 为水面以上冰的高度，等于（$H_m - H_s$）。用 x 表示冰架朝前端运动方向的坐标，则在 x 处单位宽度上的驱动力 F_D 为

$$F_D = \frac{1}{2} \rho_i g \left(1 - \frac{\rho_i}{\rho_w}\right) H^2 = \frac{1}{2} \rho_i g H(x) S(x) \tag{4.52}$$

式中，S 为冰架在 x 处的表面高程；H 为 x 处的冰体总厚度。

2. 纵向应力和运动速度

与驱动力相反，冰架运动中还会受到一定的阻力，主要由两侧谷壁施加的剪应力和底部（如果底部有基岩凸起接触或其他障碍物的话）拖拽力两部分组成。因此，沿冰架朝前方运动方向的纵向应力为驱动力和阻力的差。另外，驱动冰体向外扩展的拉伸力可定义为在整个冰厚度上水平应力的综合，因而纵向应力 F_L 可表示为（Cuffey and Paterson, 2010）

$$F_L = H(2\overline{\tau}_{xx} + \overline{\tau}_{yy}) \tag{4.53}$$

式中，$\overline{\tau}_{xx}$ 和 $\overline{\tau}_{yy}$ 分别为水平坐标 x 和 y 方向偏应力分量在整个冰体厚度 H 上的平均值。根据冰的蠕变特性，$\overline{\tau}_{xx}$ 和 $\overline{\tau}_{yy}$ 分别与 x 和 y 方向上冰体的应变率相关联，从而可得到：

$$4\frac{\partial u}{\partial x} = -2\frac{\partial v}{\partial y} + \frac{F_L}{\eta H} \tag{4.54}$$

式中，u 和 v 分别为沿 x 和 y 方向的运动速度；$\overline{\eta}$ 为在整个冰体厚度上平均的有效动力黏滞系数。

纵向运动速度可由式（4.25）计算，也可由下式得出：

$$u(x) = u_0 + \int_0^x \dot{\varepsilon}_{xx}\mathrm{d}x \tag{4.55}$$

式中，u_0 为所选坐标原点处的纵向运动速度；$\dot{\varepsilon}_{xx}$ 为纵向应变率。

3. 冰架厚度

如果无侧限冰架厚度是均一的，则所有应力分量和应变率分量在水平坐标 x 和 y 方向上是对称的。根据应力分量分析和冰的蠕变规律（Glen 流动定律），可得出：

$$\dot{\varepsilon}_{xx} = \frac{\partial u}{\partial x} = \frac{1}{9}\left(\frac{\rho_i g h}{2B}\right)^3 \tag{4.56}$$

式中，B 为流动定律中常数 A 的另一种表达形式（$A = B^{-n}$），这里取流动定律另一常数 n 为 3。

如果是有侧限冰架，冰体厚度的不均一性比较明显，特别是在触地线附近变化较大。当两侧谷壁平行时，可得出冰体厚度 H 沿运动方向（纵向）的变化为

$$\frac{\partial H}{\partial x} = 2\tau_0\left[\rho_i g Y\left(1 - \frac{\rho_i}{\rho_w}\right)\right]^{-1} \tag{4.57}$$

式中，τ_0 为将冰看作理想塑性体时的屈服应力；Y 为两侧谷壁之间距离的一半，亦即冰架宽度的一半。

4. 冰架变化

以上对冰架运动和厚度空间分布的阐述并没有考虑各种参数随时间的变化，而且都假定冰架的形状非常规则。现实中，冰架的形态都很不规则，各个参数更是随时间发生变化的。

冰架变化的基本过程是气候条件变化以后引起表面积累和消融变化，然后使冰体厚度发生变化，厚度变化又导致应力、应变和运动速度等相继发生变化。因此，对冰架厚度变化格外受到关注。根据物质守恒原理，冰架厚度变化取决于物质平衡速率和冰体水平向扩展速率，于是可得冰架质量守恒方程为

$$\frac{\partial}{\partial t}(\overline{\rho_i}H) = \dot{b}_s + \dot{b}_b - u\frac{\partial}{\partial x}\big((\overline{\rho_i}H) - \overline{\rho_i}H(\dot{\varepsilon}_{xx} + \dot{\varepsilon}_{yy})\big) \qquad (4.58)$$

式中，$\dot{b}_s$ 和 $\dot{b}_b$ 分别为表面和底部的物质平衡速率；$\overline{\rho_i}$ 为在整个厚度上的平均密度；$\dot{\varepsilon}_{yy}$ 为沿水平坐标 y 方向的应变率分量；t 为时间。在实际情况中，冰盖（陆地冰）向冰架输送物质的变化也引起冰架厚度的变化，显然输送物质增加会使冰架增厚，反之亦然。如果是稳定状态且密度均一，由式（4.29）可得到厚度随坐标 x 变化的另一种表达式：

$$u\frac{\partial H}{\partial} = \frac{1}{\rho_i}\big((\dot{b}_s + \dot{b}_b) - H(\dot{\varepsilon}_{xx} + \dot{\varepsilon}_{yy})\big) \qquad (4.59)$$

气候变化还会引起热力学参数和相关过程的变化，而热力学又与动力学密切相关，如温度变化引起流动定律参数和密度变化，等等。要比较完整地描述冰架变化，必须建立综合考虑能量-物质平衡、动力学和热力学等多个过程的耦合模型。由于冰架的主体物质是冰川冰，描述其运动机理和过程的泛定方程与冰川和冰盖的相同，但边界条件差异较大，冰架几何形态比冰川简单，最终的模式和求解与冰川和冰盖动力学模拟有差异。另外，冰架作为冰盖在海洋的延伸，不仅物质主要源于冰盖，各种参数都与冰盖是连续的，建立冰架和冰盖的耦合模型是必然趋势。

思　考　题

1. 冰冻圈不同要素的力学和动力学特征具有显著差异的根本原因是什么？
2. 冰冻圈运动与物质和能量平衡有何关联？

第 5 章
冰冻圈水热过程

冰冻圈的热量传递和水分迁移是相互交织在一起的，不仅影响着冰冻圈自身各种过程，也是控制冰冻圈与其他圈层相互作用过程的关键因素。与力学和动力学一样，冰冻圈各要素水热过程也各自有丰富的研究成果和许多专题论著。冰冻圈与外界的水热交换（界面能量-物质平衡）已在第 3 章专门论述，本章针对冰冻圈内部的水热过程，首先从热量传递的基本原理、一般性方程和水分迁移方式给予综合性介绍，然后按照陆地冰冻圈和海洋冰冻圈主要要素分别阐述其水热过程特征。大气冰冻圈水热过程从冰冻圈科学角度目前还很少关注，降落到地面的固态水则属于陆地冰冻圈范畴，因而本章没有涉及大气冰冻圈。

5.1   冰冻圈内水热过程概述

冰冻圈内部受边界上能量交换的驱动而产生热量传递以调整内部的温度分布，而边界上产生的融水进入内部不仅直接带来热量，重新冻结则产生的巨大相变潜热，使内部的热量传递和温度分布复杂化。本节对冰冻圈内部热量来源、热量传递方式、描述热量传递的一般性方程和融水作用给予简要阐述。

5.1.1   冰冻圈内热量传递

1. 冰冻圈内热量传递方式

冰冻圈内部的热量源自边界上的热量平衡和内部热源产生两个方面。上边界热量平衡主要受控于冰冻圈表面与大气之间的热量交换，不同冰冻圈要素下边界热量交换机理不尽相同，第 3 章对这些有专门阐述。冰冻圈内部热源又可分为热学过程产生热量和动力过程产生热量，前者主要是水分冻结释放潜热，后者源于冰冻圈介质受力变形产生应变热。

在边界有热量交换和/或内部热源驱使下，冰冻圈内部必然会发生热量传递。我们知道，热量传递可分为辐射、对流和传导三种方式。但是，对冰冻圈来说，从外部渗（流）入水分是额外的又是很重要的热量传递方式，因为水分渗（流）入不仅直接带来热量，水分重新冻结释放的潜热又非常巨大。在没有边界上的水分渗（流）入的情况下，传导是冰冻圈内部最主要的热量传递方式；辐射仅发生在表面，即使比较疏松的积雪，辐射穿透的深度也很小；冰冻圈内部有空气存在的情况下会存在对流传热，但与热传导相比一般可忽略；由介质运动引起的热量传递与空气对流传热有些类似，但又与对流有所不同，属于平流传热（平流是介质按一定方向运动，对流则包括了平流和紊流）。

2. 不同类型冰冻圈要素热量传递方式的差异

冰冻圈要素多种多样，不仅不同冰冻圈要素内部的热量传递存在差异，同一种冰冻圈要素也会出现显著的空间差异性。这里只简略指出不同类型冰冻圈要素内热量传递过程的主要差异，对各个冰冻圈要素的热量传递将在后面分别阐述。

陆地冰冻圈和海洋冰冻圈最显著的差异是因下边界截然不同而引起的。陆地冰冻圈的底部界面有些是在陆地表面（如冰川、冰盖、积雪等），有的在陆地表面以下的一定深度（如冻土）而上边界为陆地表面，有的则处在水体中（河冰和湖冰等）。

与陆地表面接触的冰冻圈底部界面主要受地面状况和地温的影响，如果冰冻圈要素的厚度较大，下边界上热量交换较为稳定（如冰川和冰盖），冰冻圈要素内部热量传递过程主要受表面边界上的热交换控制，其次为内部热源和介质运动引起的热量传递。如果冰冻圈要素厚度很小（如积雪），下边界上的热量交换很大程度上也受表面边界上热量交换的影响而极不稳定，辐射和对流传热不一定可被忽略，内部水分迁移和冻结也主要取决于表面边界上的热量交换。

底部边界在陆地表面以下的冰冻圈要素，下边界上的热量交换主要受地温控制，在深度超过温度年变化深度的情况下（多年冻土），下边界热量交换因为主要受地热温度梯度控制而较为稳定；上边界热量平衡取决于陆地表面与空气之间热量交换。这种冰冻圈要素不存在介质运动和应变热，但水分迁移和相变非常重要；由于介质的物质组成比较复杂，热学参数的不均一性也很突出。如果底部边界深度不超过季节冻结深度（季节冻土），表面边界上热量交换和内部水分反复融化-冻结控制着内部的热量传递，融化和冻结过程以及全部处于融化和全部处于冻结状态的热量传递过程迥然不同。

处在水体中的陆地冰冻圈要素（河冰和湖冰），其形成阶段和发展及消亡阶段的热量传递过程差异很大，形成阶段主要是大气和水体之间的热量交换，形成以后上边界热量交换受控于大气与表面雪/冰之间的相互作用，下边界主要受水和冰之间的热量交换所控制，其内部热传递方式主要是传导。

海洋冰冻圈主要为海冰和冰架，海底多年冻土缺乏资料。海冰和冰架都存在于海洋中，上下边界上的热量平衡都分别受控于大气与冰/雪表面的热量交换和冰与海水的热量交换，其内部热量传递也是以传导为主。海冰内的含盐和气泡等导致热学参数变化明显，而且有时内部可能有液态水存在，水分相变潜热会有影响。海冰和冰架都处在运动状态中，但海冰基本上只有水平运动，且不同深度上的运动速度大致是相同的，可以不考虑运动引起的平流传热；冰架则既有水平运动，也有竖向运动，平流传热需要考虑。

3. 冰冻圈内热量传递的一般方程

将冰冻圈看作在受力情况下发生变形运动的连续介质，根据能量守恒原理，可得出单位体积介质的内能随时间的变化等于单位体积内热量的产生速率与热通量在各个方向上的变化之差，即

$$\rho \frac{\mathrm{D}E}{\mathrm{D}t} = f - \left(\frac{\partial q_x}{\partial x} + \frac{\partial q_y}{\partial y} + \frac{\partial q_z}{\partial z} \right) \tag{5.1}$$

式中，ρ 为介质密度；E 为单位质量介质的内能；t 为时间；f 为单位体积介质的热量产生速率；x，y 和 z 为直角坐标轴；q_x，q_y 和 q_z 分别为沿 x，y 和 z 方向的热通量矢量。$\mathrm{D}E/\mathrm{D}t$ 表示随介质运动而发生变化，于是又有

$$\frac{\mathrm{D}E}{\mathrm{D}t} = \frac{\partial E}{\partial t} + u \frac{\partial E}{\partial x} + v \frac{\partial E}{\partial y} + w \frac{\partial E}{\partial z} \tag{5.2}$$

式中，u，v 和 w 分别为介质沿 x，y 和 z 方向的运动速度分量。

由于除热量之外的其他内能都忽略不计，$\dfrac{\mathrm{D}E}{\mathrm{D}t} = c \dfrac{\mathrm{D}T}{\mathrm{D}t}$，其中，$c$ 为比热；T 为温度。根据傅里叶定律，在 x 方向由热传导引起的热量通量为 $q_x = -\lambda \dfrac{\partial T}{\partial x}$，其中 λ 是热导率。因此，

$$-\frac{\partial q_x}{\partial x} = \lambda \frac{\partial^2 T}{\partial x^2} + \frac{\partial \lambda}{\partial x} \frac{\partial T}{\partial x} \tag{5.3}$$

对 y 和 z 方向上也有类似关系。

这样，就可得到冰冻圈内热量传递的一般方程式为

$$\frac{1}{k} \left(\frac{\partial T}{\partial t} - v_i \frac{\partial T}{\partial x_i} \right) = \frac{f}{\lambda} + \frac{1}{\lambda} \frac{\partial \lambda}{\partial x_i} \frac{\partial T}{\partial x_i} + \frac{\partial^2 t}{\partial x_i^2} \tag{5.4}$$

式中，k 为热扩散率 $\left(= \dfrac{\lambda}{\rho c} \right)$，下标 i 为坐标轴，亦即 $\dfrac{\partial T}{\partial x} = u \dfrac{\partial T}{\partial x} + v \dfrac{\partial T}{\partial y} + w \dfrac{\partial T}{\partial z}$，

$\dfrac{\partial \lambda}{\partial x_i} \dfrac{\partial T}{\partial x_i} = \dfrac{\partial \lambda}{\partial x} \dfrac{\partial T}{\partial x} + \dfrac{\partial \lambda}{\partial y} \dfrac{\partial T}{\partial y} + \dfrac{\partial \lambda}{\partial z} \dfrac{\partial T}{\partial z}$，$\dfrac{\partial^2 T}{\partial x_i^2} = \dfrac{\partial^2 T}{\partial x^2} + \dfrac{\partial^2 T}{\partial y^2} + \dfrac{\partial^2 T}{\partial z^2}$。

由式（5.4）可以看出，冰冻圈内某一位置上的温度变化受到四个因素的影响：温度梯度的空间变化、内部热源、介质运动和热学参数的空间变化。其中，温度梯度的空间变化是方程的核心，因为温度梯度是驱动热传导的根本因素；运动引起的热量传递为平流传热；内部热源这一项可能会非常复杂，应变热是直接释放热量，但如果存在水分迁

移和相变时，水分迁移引起的热量传递属于平流传热，水分冻结则直接释放潜热，对他们需要分别描述；热学参数在空间上的不均一性导致热传导的空间差异。

式（5.4）只是冰冻圈内部热量传递的一般表达，对具体的某个冰冻圈要素，需要根据其各个热量传递方式的相对重要性和特点，将这个一般方程给予具体化和某种程度的简化，再给出定解条件，才能尝试求解而得出表征热状况的温度分布。定解条件可由两个边界条件或者一个边界条件和初始条件组成，但冰冻圈各要素都处在不断变化的外界环境下，初始条件通常难以确定，因而往往需要两个边界条件。

5.1.2　冰冻圈内的水分迁移

冰冻圈内的液态水主要来自表面的融水。如第 3 章所述，当冰冻圈表面与外界热量交换过程中吸收热量到一定程度时就会出现表面融化。表面融化的强弱取决于表面能量平衡，融水是否向内部输送、输送量多少、输送方式以及是否重新冻结，对内部热量状况的影响是不同的。

由于冰基本上可被看作不透水材料，对完整且表面光滑的冰体来说，无论表面融水多寡都会沿冰面流失，如光滑的冰川消融区、没有或雪层很少的河冰、湖冰和海冰。表面不光滑的冰体表面会使部分融水积存于低洼处，如冰川表面湖、海冰融池、河冰和湖冰表面水塘等。但这些表面积存水主要只参与表面能量平衡过程，对冰体内部热量传递影响较小。

遇到雪层、土层等具有大量空隙的介质，表面融水在自身重力作用下会向这些空隙渗透填充，有多少融水渗透既取决于表面融水量，又与介质的总空隙量有关：若融水量很大但总空隙量有限，达到饱和后多余融水就会流失；融水量少则只能充填部分空隙。

还有一种情况是冰冻圈要素存在裂隙或其他形式的输水通道，如冰川上的竖井、冰内和冰下空穴、河道等。这些通道有些是与外部畅通的，有些则是封闭的。表面融水或者沿畅通通道被输送流出冰川，或者充填保存于封闭空穴中。

表面融水下渗到松散介质中或储存于巨大空穴中后是否重新冻结，取决于介质温度及其变化。如果介质温度低于融点较多，融水就容易重新冻结。由于冻结潜热巨大，即使很少量的融水重新冻结也会使介质温度显著升高。如果介质原来温度就较接近融化温度，则有融水以后不仅温度被提高到融点，也使介质或者与液态水共存，或者将原来的冰融化成水。

总之，有液态水进入冰冻圈内的情况下，原来以传导为主的热量传递作用被极大削弱，融水输送较多时，热传导等其他传热过程就微不足道了。但是，融水作用过程极为复杂，很难比较准确地定量描述，只有在一些简单假设下，如均匀多孔介质、规则的输水通道和恒定的融水量等，可以建立相应的数学模式。

5.2 冰川和冰盖内的水热过程

冰川和冰盖虽然形态上的差异导致运动速度分布不同，但水热过程大致是相同的。由于各种介质的热状况都是以温度指标体现的，对介质内热量传递规律的研究就是通过热量传递方程求解温度分布。冰川和冰盖表层一定深度范围受表面气象条件高频变化影响，热量传递及其导致的温度分布在年内处于不断变化中，在较大深度上则相对比较稳定。因此，可以将冰川和冰盖分为近表层和纵深层来阐述。

5.2.1 近表层热量传递和温度变化

在冰川或冰盖上，冰或雪的温度随外界气温变化的幅度随深度增大而减小，周期越短，减小越快，年周期的温度变化通常在 10 余米深度处就已不足 1℃。对于温度在年内有明显变化的表层 10 余米深度范围，准确地应该称其为温度年变化层或简称年变化层，但中国学者过去多称其为活动层，国外学者则称其为表面层或近表面层，原因在于"活动层"一词是冻土中的重要术语，专门指覆盖于多年冻土层之上夏季融化、冬季冻结的土层，其核心意义是年内有冻融循环。如果将冰川或冰盖看作均匀介质，在除传导外的其他热量传递过程可忽略的情况下，若只考虑竖向热传导，其温度随深度的分布可由最简单的一维热传导方程近似描述：

$$\frac{\partial T}{\partial t} = k \frac{\partial^2 T}{\partial y^2} \tag{5.5}$$

边界条件可描述为

$$T(0,t) = T_0 + A\sin(\omega t), \quad T(\infty,t) = T_0(y) \tag{5.6}$$

即表面温度随时间呈谐波周期性变化，在深度足够大时温度不随时间变化。于是可得其解为

$$T(y,t) = T_0(y) + A\exp[-y(\omega/(2k))^{1/2}]\sin[\omega t - y(w/(2k))^{1/2}] \tag{5.7}$$

式中，T 为温度；t 为时间；y 为从表面竖直向下的深度；A 为表面温度波动的振幅；ω 为温度波动的角频率；$T_0(y)$ 为平衡温度；k 为热扩散率。这种结果可适用于表面任意周期或频率的温度谐波变化向内部的传播，但一般最主要考虑的是年周期温度波动情况。那么，若取周期为 1 年，则 A 为表面温度年较差的一半，ω 为 $2\pi/a$（这里的 a 代表"年"），T_0 为年内最高温度和最低温度的中值，它与年平均温度并不一定相等。

按照式（5.7），温度波向冰盖内部的传播速度为 $(2\omega k)^{1/2}$，也就是说，当 k 值一定时，频率越高（周期越短），传播速度越快。但是，温度波动振幅为 $A\exp[-y(\omega/2k)^{1/2}]$，意味着频率越高（周期越短），振幅随深度减小越快。 如果取 k 为纯净冰在 0℃时的值，

年周期的温度波传播速度约为 20 m/a，振幅在 7m 多深处为表面处振幅的 1/10，10m 深处为 5%，15m 深处为 1.1%，20m 深处为 0.24%。所以，通常可将十几米至二十米深度看作是年变化层底部。

对比方程式（5.4）可以看出，方程式（5.5）是在不考虑运动效应、内部热源和热学参数的变化以后得到的一维热传递方程。那么，这几个因素是否都可被忽略还需要具体分析。

1. 介质运动

首先，让我们简略地考察一下水平运动效应。设表面坡度为 α，表面温度随海拔高度的变化等于气温垂直递减率 γ，则表面的水平温度梯度为

$$\left(\frac{\partial T}{\partial x}\right)_s = -\gamma\tan\alpha \cong -\gamma\alpha \quad （当坡度很小时） \tag{5.8}$$

若表面水平运动速度 $u_s = 20\text{m/a}$，$\alpha = 5°$（冰盖上运动速度和坡度一般都要比这小得多），$\gamma = -0.006℃/\text{m}$，$u_s\left(\dfrac{\partial T}{\partial x}\right)_s = 0.01℃/\text{a}$。

竖向温度梯度一般要高于气温垂直递减率，如果取做 0.025℃/m（接近于正常地热梯度），竖向运动速度为 $v_s = 2\text{m/a}$，则 $v_s\left(\dfrac{\partial T}{\partial y}\right)_s = 0.05℃/\text{a}$，大于水平运动效应。所以，如果粗略一点，运动速度效应可忽略，但要细致调查近表层的温度分布，竖向运动效应首先需要予以考虑；如果表面坡度和运动速度都很大，水平运动速度也要考虑。

若在方程式（5.5）中加上运动效应这一项，即

$$\frac{\partial T}{\partial t} = k\frac{\partial^2 T}{\partial y^2} + u\frac{\partial T}{\partial z} + v\frac{\partial T}{\partial y} \tag{5.9}$$

这种情况下很难得到解析解，只能数值求解。若忽略水平运动效应（这在冰盖中心附近和冰川比较平坦的地方是很好的近似），方程式（5.9）则化简为

$$\frac{\partial T}{\partial t} = k\frac{\partial^2 T}{\partial y^2} + v\frac{\partial T}{\partial y} \tag{5.10}$$

边界条件仍如方程式（5.6），得到的解为

$$T(y,t) = T_0(y) + A\exp\left[\frac{vy}{2k} - y(a\cos\omega)^{\frac{1}{2}}\right]\sin\left[\omega t - y(a\sin\omega)^{\frac{1}{2}}\right] \tag{5.11}$$

式中，a 和 ω 由下式确定：

$$\left(\frac{v}{2k}\right)^2 + i\frac{\omega}{k} = a\mathrm{e}^{i\omega} \tag{5.12}$$

在 v 的绝对值不大于 2m/a 的情况下，式（5.11）可简化为

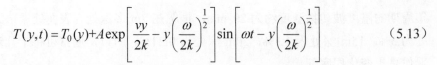

$$T(y,t) = T_0(y) + A\exp\left[\frac{vy}{2k} - y\left(\frac{\omega}{2k}\right)^{\frac{1}{2}}\right]\sin\left[\omega t - y\left(\frac{\omega}{2k}\right)^{\frac{1}{2}}\right] \tag{5.13}$$

式（5.13）表明，竖向运动的效应主要是阻止温度波动振幅的衰减。

2. 内部热源

在冰川和冰盖近表面层，内部热源主要是融水再冻结释放的相变潜热，应变热可忽略不计。表面融化强烈时，融水作用非常重要，特别是介质为雪而不是冰时，融水向粒雪层内的渗透和再冻结作用甚至超过热传导而占主导地位。因此，冰川上融水渗透非常重要又特别复杂，后面再专门阐述。冰盖内陆表面融化微弱，融水作用可不予考虑。

3. 热学参数的变化

冰川冰的热学参数近似为常量，在粒雪层中，热学参数主要随密度变化而变化。一般情况下，粒雪层中密度随深度的变化并不是线性的。不过，根据有关研究结果，相对于边界条件和其他近似假设来说，粒雪层热学参数的变化对温度的计算结果影响是比较小的。所以，最简单的办法是取粒雪层内的平均密度和平均热学参数。或者可以将粒雪层分成许多薄层，使得每个薄层内密度近似为常数，然后用均匀介质热传导方程的解从上自下逐层计算温度分布。

年变化层还可以进一步分为温度梯度方向随季节变化的上部和温度梯度方向不变的下部，图 5.1 所示为大陆型冰川年变化层由式（5.7）所决定的温度-深度廓线。该剖面中平均温度左右两边并不对称，其原因在于平衡温度随深度而升高，是除热传导作用外的其他因素（如融水作用、下层冰温受地热影响等）所导致。对厚度很大的冰川和冰盖的

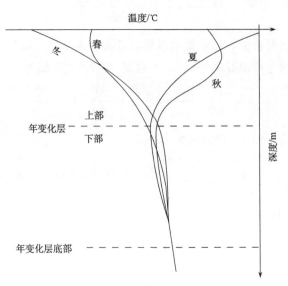

图 5.1 大陆型冰川近表层温度-深度剖面示意图

干雪带来说，表面没有融水影响，底部热量也很难对近表层有显著影响，在几十米深度范围 T_0 几乎没有变化，冬季和夏季、春季和秋季的温度剖面基本对称。海洋型冰川（温冰川）以降雪量大和消融强烈为特点，绝大部分区域的近表层下部温度终年接近或处于融点，但表面数米内温度有季节变化。如果积累区上部海拔很高，可能存在温度较低的情况。

5.2.2　纵深层热量传递和温度特征

在年变化层以下的更大深度上，温度随深度的分布可用稍微简化的一维热量传递方程来表述。如果取坐标原点在冰川或冰盖底床，y 为竖直向上（避免将坐标原点放在冰川表面会因积累或消融引起坐标原点不固定），x 指向冰川流动方向，z 为横过冰川水平方向，则 z 方向温度梯度和运动速度都相对很小，若将热学参数取做常量（纵深层主体是冰川冰，可看作均匀介质），式（5.4）就简化为

$$\frac{\partial T}{\partial t} = K\frac{\partial^2 T}{\partial y^2} + u\frac{\partial T}{\partial x} + v\frac{\partial T}{\partial y} + \frac{f}{\rho c} \tag{5.14}$$

上边界条件为：当 $y=h$，$T=T_s$；$u=u_s$，$v=v_s$，下标 s 表示在冰川或冰盖表面的值，但实际上是取年变化层底部的值，他们可均为时间的函数，若假定为稳定状态，则都为常数。底部可能有两种情况：如果底部温度已达到压力融点，则 T_b 等于融点温度；若底部低于压力融点，则底部温度梯度 $\left(\dfrac{\mathrm{d}T}{\mathrm{d}y}\right)_b = \gamma_G$，其中，$\gamma_G$ 为地热温度梯度。

虽然式（5.14）比式（5.4）有所简化，但要求解，还需要对运动速度分布和内部热源给出具体表述。由于内部热源分为融水和应变热两个方面，而如果将冰看作不透水的介质，则融水作用仅限于表面粒雪层，对深部冰体来说可不予考虑融水作用；冰川动力学研究表明，冰的蠕变变形最主要的分量是纵向应变率，且在靠近冰川底部时变形量最大，因而可以将应变热近似地表述为 $f = 2\tau_{xy}\dot\varepsilon_{xy}$，底部边界条件则变为 $\left(\dfrac{\mathrm{d}T}{\mathrm{d}y}\right)_b = \gamma_G + \dfrac{\tau_b u}{\lambda}$，其中，$\tau_{xy}$ 和 $\dot\varepsilon_{xy}$ 分别为纵向剪切应力和纵向应变率，τ_b 为底部剪应力，u 为水平运动速度在整个厚度上的平均值。

运动速度分布的最简单情况是竖向速度随深度线性变化，水平速度近似为常数（若冰体沿底床滑动，水平速度在整个竖向剖面上为常数；若没有底部滑动，水平速度随深度变化也比较缓慢，在绝大部分深度上也可看作常数）。于是，式（5.14）可简化为

$$\frac{\partial T}{\partial t} = K\frac{\partial^2 T}{\partial y^2} + \bar u\frac{\partial T}{\partial x} + B\frac{y\partial T}{h\partial y} + \frac{2\tau_{xy}\dot\varepsilon_{xy}}{\rho c} \tag{5.15}$$

式中，$B\dfrac{y}{h} = v$ 为竖向运动速度；h 为冰体厚度；B 为表面物质平衡；$\bar u$ 为竖向剖面上平均水平运动速度。

方程式（5.15）已经是经过很大简化而得到的，但仍然只能数值求解而不能得到解析解。只有在非常特殊的条件下，如假定为稳定状态，并认为应变热仅只是附加在底部的一个热源而只在底部边界条件上给予反映，方程式（5.15）又可进一步简化为

$$K\frac{\partial^2 T}{\partial y^2} + B\frac{y\partial T}{h\partial y} = \lambda\bar{u}\alpha \tag{5.16}$$

可得其解析解为

$$\frac{\partial T}{\partial y} = \left(\frac{\partial T}{\partial y}\right)_{\rm b}\exp\left(-\frac{2}{a}y^2\right) + bhF\left(\left(\frac{2}{a}y^2\right)^{\frac{1}{2}}\right)\left(\frac{2}{a}h^2\right)^{\frac{1}{2}} \tag{5.17}$$

$$T(y) = T_{\rm b} + \left(\frac{\partial T}{\partial y}\right)_b\frac{2}{a}{\rm erf}\left(\frac{2}{a}y\right) + b\frac{2}{a}E\left(\left(\frac{2}{a}\right)^{\frac{1}{2}}\right) \tag{5.18}$$

式中，$a = B/(kh)$，$b = \lambda\bar{u}\,\alpha/k$，均为常数；${\rm erf}(z) = 2\pi^{-1/2}\int_0^z \exp(-y^2)\,{\rm d}y$，为误差函数；$F(x) = \exp(-x^2)\int_0^x e^{t^2}\,{\rm d}t$，为 Dawson 积分，与 $E(x)$ 的关系为 $E(x) = \int_0^x F(y)\,{\rm d}y$。

　　如果水平运动效应可忽略，即式（5.16）右边为零，可得到最简单的竖向温度剖面解析解为

$$T - T_{\rm b} = \left(\frac{\partial T}{\partial y}\right)_b\int_0^y \exp\left(\frac{y}{I}\right)^2 {\rm d}y \tag{5.19}$$

式中，$I^2 = 2kh/B$。若 B 为正，则可表述为

$$T - T_{\rm S} = \frac{1}{2}I\pi^{\frac{1}{2}}\left(\frac{\partial T}{\partial y}\right)_{\rm b}\left[{\rm erf}\left(\frac{y}{I}\right) - {\rm erf}\left(\frac{h}{I}\right)\right] \tag{5.20}$$

　　如果将深度和温度表示成无量纲单位，式（5.20）描述的温度剖面如图 5.2 所示，其中，$\xi = y/h$，$\theta = \lambda(T-T_{\rm s})/(Gh)$，$\Upsilon = Bh/k$，$G$ 为地热通量。从该图可以看出，只考虑竖向运动效应的稳定状态温度剖面总的特点是随深度增加温度升高，剖面的形状主要取决于底部温度梯度和物质平衡。如果物质平衡为零，温度剖面为一条直线，其斜率等于地热温度梯度。积累速率越大，表面温度与底部温度的差值越小，尤其是温度梯度在上部随积累速率增大而减小更为显著。

　　获得式（5.20）所需要的条件非常苛刻，仅在冰盖和冰帽中心区域且底床平坦才较为近似。对于山地冰川和冰盖非中心区域，水平运动速度和冰体受底床阻滞而产生的剪切应变热量的影响不可忽略。实际上，冰川在自重力和底床阻滞作用下的剪切变形主要发生在接近底部冰层，因而在接近底床时温度梯度会明显增大。另外，稳定状态假定在很多情况下也与实际偏离较大，热学参数、运动速度、物质平衡、地形因素等的空间分布也很复杂，所以冰川温度场的模拟需要根据对其结果精确程度的要求和相关参数获得情况来确定模式和参数的简化。

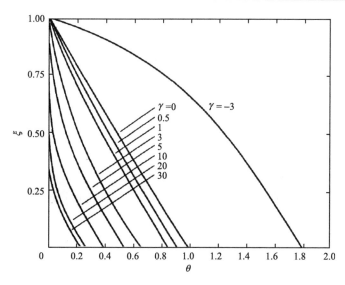

图 5.2　冰川和冰盖无量纲稳定状态温度剖面（Cuffey and Paterson, 2010）

　　冰川或冰盖底部温度是否处于融点是冰体滑动运动产生的必要条件，因而格外受到重视。通常认为，温冰川或海洋型冰川底部温度处于融点，冷冰川（又称极地冰川）或大陆型冰川如果厚度较大，或者受融水作用影响，可能局部地方底部温度也处于或接近融点（压力融点）。冰川底部温度观测难度大，实测资料很少，但可以依据一定深度测温资料推测出大致状况。

　　前面对一维热量传递方程及其解析解的阐述中，主要考虑的是热传导过程，对其他因素或者处理的非常简单，或者直接予以忽略，这与实际情况差异较大，但通过解析解可大致了解冰川和冰盖温度随深度变化的主要特征，对概念性地理解冰川和冰盖温度分布很有必要。目前在冰盖和冰川上通过钻孔测量获得的一些实测温度剖面与前述解析解所描述的温度随深度变化在宏观特征上具有一致性。但要获得较为精确的温度-深度剖面或者多维空间的温度分布，必须对除传导之外的其他热量传递过程给予考虑，而且大多情况下不能假定是稳定状态，因而只能数值模拟而不是简单地求解析解。

　　另外，边界条件的确定对方程的求解至关重要。假设表面温度按谐波规律变化只是很粗略的描述，实际中表面温度变化是不规则的，除了升温过程中出现降温和降温过程中出现升温这种不规则以外，升温期和降温期也不对称，如升温缓慢但降温快速，从而导致极值温度与谐波规律峰谷不一致。若有表面融化和融水作用，表面温度的变化更为复杂。因此，必须依据具体地点的表面能量平衡和温度观测，尽可能将表面边界条件表述的符合实际。

　　山地冰川底部温度也可能存在着季节变化，特别是底部温度接近或处于融点时。如果缺乏实测资料，研究的目的就是通过热量传递方程求解去获得底部温度，那么就不能预先设定底部边界条件，而必须给出一个初始条件。由于冰川和冰盖是处于不断变化中的开放系统，如何给出较为近似的初始条件是一大难题。

显然，要得到与实际比较近似的结果，应该是求解三维全要素方程。但是，三维方程求解难度非常大，特别是对其中每个要素很难做到精细描述。相比于规模较大、形态较为规则的冰盖，山地冰川规模小且形态复杂，在小范围内各种参数在各个方向上都可能有显著变化，温度场模拟更为复杂。

5.2.3　冰川和冰盖内的融水作用

1. 雪层中的融水渗透

冰川和冰盖表面很大区域都被雪层覆盖，当表面出现融化时，融水在雪层中的渗透可用扩散方程描述。如果认为融水主要是在重力作用下竖向渗透，在持续融化季节，其定解问题为

$$\frac{\partial w}{\partial t} = \alpha \frac{\partial^2 w}{\partial t^2} \tag{5.21}$$

$$W(0,t) = W_0, W(y,0) = 0 \tag{5.22}$$

式中，$W(y, t)$ 为含水率；α 为雪层中融水渗透率或扩散率；y 为深度；t 为时间。如果表面融水量是恒定的，就成为一维恒定源扩散问题，可得出的解为

$$W = W_0 \left[1 - \mathrm{erf} \frac{y}{2\alpha t^{1/2}} \right] \tag{5.23}$$

其中，$\mathrm{erf}(x)$ 为误差函数，或者 $[1-\mathrm{erf}(x)]$ 被称为余误差函数，W_0 为表面含水率。

可以看到，式（5.23）比较简单，但其中的两个常数 W_0 和 α 如何确定却非常关键，而且通常情况下有相当大的难度。W_0 之所以被取作常数是为了边界条件简单化而便于求解，实际上表面融水量并不是恒定的，因为不同天气条件以及白天和夜晚的气温和辐射不同都会导致融水量不同。作为近似，只能取 W_0 为消融期表面融水的平均值。融水在雪层中的扩散率既与雪层密度有关，也与雪层结构有关，特别是当雪层中有冰片层存在时会显著阻挡水的渗透。对冰川上比较均匀的松散粒雪层，有观测得到的 α 值约为 $180\ \mathrm{m^2/a}$；若雪层中夹杂着冰片层，融水水平迁移也很显著，α 值的降低取决于冰片层的多寡和厚度等，但对复杂雪层中融水渗透缺乏实际观测，其原因在于当挖掘出一个雪层剖面进行融水渗透观测时原始状况已被破坏。初始条件假定除表面有融水以外，雪层其他深度上都没有融水，也是很粗略地近似，实际更像春季开始融化的情况。

另外，雪层温度与融水渗透交织在一起，如果雪层温度处于或很接近 0℃，融水渗透会比较顺畅；如果温度低于 0℃，融水下渗途中有部分水会重新冻结释放潜热以提高雪层温度。当雪层温度低于0℃很多时，融水遇冷重新冻结的比例很大。

春季和秋季表面融化和重新冻结交替发生，春季时融化越来越占据优势，秋季则是融化越来越少。这两个季节表面边界条件不是常量，导致雪层中的融水渗透非常复杂，

初始条件也不一样。再加上雪层中有冰片层和密度非线性变化，对春秋季节雪层融水渗透虽然也可以用扩散方程进行模拟，但定解条件和融水扩散率等相关参数难以确定。比较近似的方法是将雪层分成多个层，使每个层内的相关参数近似为常数，再分层进行研究，可这需要更多实测资料支持，否则简单的假设会使模拟结果的可靠性无法验证和评估。

冬季雪层表面基本上没有融化，雪层内部以前渗透的融水随着表面冷波向下的传播会不断重新冻结，似乎比较简单，但冬季来临时雪层内部有多少尚未冻结的水并不容易确定。

2. 冰内和冰下水

低于 0℃的冰通常被看作是不透水的，但冰川和冰盖上常有不同程度的裂隙或其他形式的冰内空洞发育，这会导致融水沿裂隙在冰川和冰盖内部的流动和滞留。冰川和冰盖内部水流的畅通程度可以通过示踪剂观测来推断，内部空隙的总体积可以通过表面流入水量与流出冰川水量大致估计。由于不同冰川表面破碎情况和内部空隙分布都不一样，很难建立普遍适用的冰内水流模型。

对处在融点或接近融点的冰（即所谓的温冰）是否透水问题也有一些研究，尽管研究成果不多。实验观测显示，水中的染色剂可以渗入冰体内部，说明水可以在处于融点的冰晶粒之间迁移。简单的理论推导和实验观测表明，这种冰晶粒之间水的渗透速率每年仅有几米，对夏季消融强烈的冰川来说是微不足道的。但是，随着晶粒间水分迁移增强，晶粒之间会出现空隙并逐渐形成水流管道。水流管道一方面因水流冲刷和对冰的融化不断扩大，另一方面却因受上覆冰压力而缩小，于是管道截面积的变化可近似表示为

$$\mathrm{d}S / \mathrm{d}t = M / \rho_i - KS(P_i - P_w)^m \tag{5.24}$$

式中，S 为管道截面积；t 为时间；M 为单位管壁长度在单位时间内融化的冰质量；ρ_i 为冰的密度；P_i 和 P_w 分别为管道上覆冰的压力和管内水的压力；K 和 m 分别为冰的流动参数（相当于 Glen 定律中 A 和 n，但还与管道截面形状有关）。通常情况下管道内的水压小于上覆冰体压力，但如果较接近冰川表面，有可能出现水压大于冰的压力的情况，这时管道会因水压大而呈扩张态势，管道截面积的变化就为

$$\mathrm{d}S / \mathrm{d}t = M / \rho_i + KS(P_w - P_i)^m \tag{5.25}$$

冰川底部的冰层处于融点时，底床上会有水存在，其来源为地热对冰的融化、冰体滑动摩擦生热对冰的融化和/或者上层冰内水流到达底床。正常地热通量对冰的融化速率约为每年 6mm 厚度，与冰体滑动速度每年 20m 所引起的融化量相当，上层冰内水流的量很难确定，不同冰川或同一冰川不同地点差异很大。如果底部冰下面为有空隙的松散砂砾石层，底部水会从这些松散层排泄；如果底床为基岩面，底部水或者以片流形式从冰与基岩之间流动，或者通过一些冰下水道排泄。

有时候冰下水流会受阻，其原因在于或者某些地方底部冰与基岩冻结在一起，或者冰下水排泄速率小于冰下水汇集速率，特别是冰内空隙有些是封闭的，以前储存在内的水会随着空隙的破裂而突然释放。受阻后的冰下水越储越多，造成水压增大对冰体产生强大的推举作用，从而有利于冰川滑动甚至跃动。

一般来说，比较破碎的冰川，冰内水系比较发育；海洋型冰川夏季液态降水较多，冰面和冰内水系比大陆型冰川更为发育。格陵兰冰盖冰面和冰内水系比南极冰盖发育，西南极冰盖水系比东南极冰盖发育，但东南极冰盖底部湖泊较多。东南极冰盖表面比较规则，除海岸外的绝大部分区域表面融化微弱，因而缺乏表面融水向内部渗透。但由于东南极冰盖厚度巨大，好多区域冰体厚度达 3000m 以上，使得底部冰达到压力融点，冰下湖得以存在。

5.3　冻土温度和水分迁移

冻土温度场受热学参数、冻融过程和水分迁移等多个因素的影响，本节首先介绍冻土热学参数，然后结合冻融过程中热量传递阐述冻土的温度状况，最后对冻土中水分迁移及其对温度影响予以说明。由于冻土的物质组成、结构、地表状况等随地点变化很大，使其水热状况极为复杂，尽管研究成果极为丰富，在此也只能简略阐述。

5.3.1　冻土的主要热学参数

冻土的主要热学参数包括比热（或热容量）、热导率和相变潜热，热扩散率可由比热、热导率和密度推导。

1. 比热（或热容量）

单位质量或单位体积的土体温度改变 1K 所需要的热量称作质量比热容或容积比热容，习惯上又简称为比热或热容量，两者的关系为比热乘以密度即为热容量。

冻土的比热实际上是冻土各个组分的综合，具有按各物质成分的质量加权平均的性质。试验表明，由于气体的含量及比热均很小，冻土的比热主要由土的骨架比热所决定。由于有机质比热大于矿物质比热，有机质含量高时，土骨架比热显著增大。

总含水量相同的冻结土的比热小于融土的比热，原因在于冰的比热仅为水的一半。另外，虽然冰和水的比热都随温度而变化，但冰的比热随温度升高而增大，水的比热随温度升高而减小，不过在常见温度范围内变化都很小。

2. 热导率

热导率是表征物质导热能力的指标，在冻土热学研究中极为重要。影响冻土热导率大小的主要因素为温度和构成冻土的各组分含量和其结构形式。

同样物质组成的冻土，温度的变化直接影响冰和未冻水含量的变化，特别是冻结和融化使冻土的热导率变化很大。由于冰的热导率大于水的热导率（0℃时冰的热导率约为水的 4 倍），而且冰的热导率还随温度降低而增大，冻结土的热导率大于相同组分融土的热导率。

冻土各组分比例的变化主要表现在冻土密度、总含水量等变化，从而使冻土的热导率具有随其干密度、含水率、未冻水量、含盐量和吸附阳离子成分的变化而变化的特点。融土和冻土的导热系数均随干密度增大呈对数或指数形式增大，但在测定范围内，可近似地看成线性关系。冻土和融土的热导率随含水率的增大也呈增大趋势，但都不是线性关系，且冻土和融土形式上也有差异。冻土热导率与含盐量和阳离子成分的关系也比较复杂。

通常，要获得比较准确的冻土热导率，都要经过大量的现场和实验室测量。在无实测资料的情况下，一般比较常用的冻土导热系数经验公式为

$$\lambda = \prod \lambda_i^{\phi_i} \tag{5.26}$$

式中，λ 为冻土的导热系数；i 为构成冻土的各个组分，即土颗粒、冰、未冻水和空气；λ_i 为对应各个组分的导热系数；ϕ_i 为各个组分的体积分数。

3. 冻土的相变潜热

相变潜热指在等温等压条件下，单位质量的物质从一个相态转变为另一个相态的相变过程中所吸收或释放的热量。冻土的相变潜热本质上是冻土中水分在液态与固态之间转换所发生的相变潜热。在冻土中，只有冰水之间才发生相变潜热，因此冻土的相变潜热与冻土的含水量和未冻水含量相关联，冻土的相变潜热可以表达为

$$L = L_0(\omega - \omega_u) \tag{5.27}$$

式中，L 为冻土的相变潜热；L_0 为冰水相变潜热量；ω 为冻土的总含水量；ω_u 为冻土中的未冻水含量。

5.3.2　冻土中的热量传递和温度变化

从热状态的角度看，冻土层大致是地表浅层处于负温状态的土层，土层的热状态受地气边界的热交换和下部非冻土层地热流边界的控制，内部的热交换主要包括热传导、水分迁移引起的对流换热以及冻结融化过程中发生的相变潜热。

1. 冻土中的热传递方程

对于沿深度方向上的一维热交换过程，控制冻土温度场的基本方程可表达为

$$C\frac{\partial T}{\partial t} = \frac{\partial}{\partial z}\left(\lambda\frac{\partial T}{\partial z}\right) - \rho_w C_w \frac{\partial(VT)}{\partial z} - \rho_i L\frac{\partial\theta_i}{\partial t} \tag{5.28}$$

式中，T 为温度；C 为冻土的热容量；t 为时间；z 位深度；λ 为导热系数；ρ_w、ρ_i 分别为水和冰的密度；V 为液态水分迁移速率；L 为冰水相变潜热；θ_i 为含冰量。该方程的物理意义是传导热量与水分迁移对流热、含冰量变化引起的相变热的平衡量等于冻土温度变化吸收/释放的热量。

含冰量的变化可以表示为冻土温度的函数，即

$$\frac{\partial\theta_i}{\partial t} = \frac{\partial\theta_i}{\partial T}\cdot\frac{\partial T}{\partial t} \tag{5.29}$$

整理式（5.28）和式（5.29）式得到：

$$\bar{C}\frac{\partial T}{\partial t} = \frac{\partial}{\partial z}\left(\lambda\frac{\partial T}{\partial z}\right) - \rho_w C_w \frac{\partial(VT)}{\partial z} \tag{5.30}$$

式中，$\bar{C}$ 可理解为视热容量，代表当冻土中发生冰-水相变时，相变潜热改变冻土当量热容量，其表达式为

$$\bar{C} = C + \rho_i L\frac{\partial\theta_i}{\partial T} \tag{5.31}$$

根据未冻水含量与温度的关系可知，未冻水含量的剧烈变化主要集中在冻结温度附近的温度范围，温度较低时，视热容量基本等于冻土的热容量，而当温度处于相变区域的温度范围时，相变潜热远大于传导热，此时的视热容量也远大于热容量，且变化剧烈（图 5.3）。

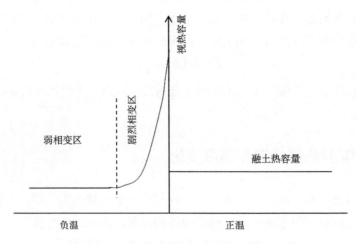

图 5.3　冻土视热容量随温度变化规律示意图

一般情况下，由于冻土中水分迁移带来的对流换热相对于传导热交换要小得多，当所关注的问题主要是冻土的温度场时，水分迁移的对流热交换可不予考虑。此时，冻土温度场的控制方程就是热传导方程，但是与一般传统的热传导方程不同的是冻土的热学

参数均是温度的函数,温度不同,冻土组分中冰水比例不同,热参数不同,尤其是视热容量中包含了冰水相变热,在剧烈相变区其对冻土的传热产生巨大影响,这在冻土温度场计算中至关重要。计算中一般假设未冻水含量与温度具有固定的函数关系,冰水转换量通过未冻水含量与温度的关系确定。

2. 季节冻土的温度变化

季节冻土温度变化的显著特点是土层在一年内必然经历从正温向负温发展的冻结过程和从负温向正温发展的融化过程。一个完整的季节冻土层温度变化过程如图 5.4 所示。土层温度主要表现为以下特征:①土层温度整体上与气温及地表温度变化保持相似的正弦波形式的变化规律,深度越小越明显。在浅土层,受地表热交换的影响较大,温度波动幅度也较大,土层深处温度变化幅度较小;②土层从浅至深逐渐进入冻结状态和融化状态;③土层在冻结温度附近存在明显的温度停滞现象,尤其在土层深部这种停滞现象较为显著,这是由于在土层温度接近冻结温度时,土中水分处于剧烈相变区,水分的相变热不断与传导热发生动态平衡,从而延缓了土层温度的变化。

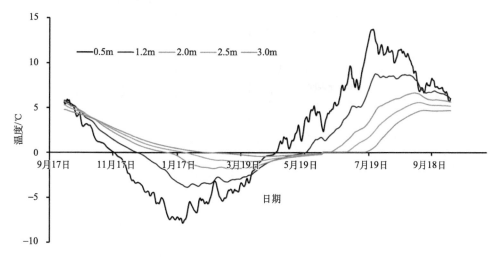

图 5.4　季节冻土中土层温度变化过程

根据季节冻土温度场的变化可以看出土层的冻结过程。冻结过程可划分为三个阶段:初期不稳定缓慢冻结段,经常发生夜间冻结白天融化的不稳定状态;冻结速率较快且相对均匀的快速冻结段;缓慢冻结段,冻结到一定时期,表层热交换能力减弱,深部冻结变缓,逐渐达到最大冻结深度。季节冻土往往在冻结过程尚未完成时即从土层表面开始向下发生融化。在达到最大冻结深度后,从冻结层底部也发生由下至上的融化,最终上下方向的融化汇交,冻结土层完全融化。

主导季节冻土冻融过程的因素是气候的季节性变化,其他一些因素也通过影响土层的热参数而影响季节冻土的温度,主要包括地表植被、土层含水量、土质等。植被影响体地气之间的热交换，含水量影响水分在冻融过程中的相变热和土层热学参数，土质也影响热学参数。

多年冻土层上的季节融化层（活动层）的温度过程与季节冻土区的冻结融化过程类似，只不过一般以描绘活动层的融化过程线来表现土层的季节变化过程。

3. 多年冻土地温曲线

多年冻土的温度在浅层受地表热交换状态的影响具有季节性波动，至一定深度其温度波动很小，一般将多年冻土温度年变化小于 0.1℃ 的深度称为多年冻土的年变化深度，通常所说的多年冻土温度一般也指该深度上的温度值。多年冻土温度沿深度的分布曲线被称为多年冻土地温曲线，地温最高与最低值的包络线刻画了多年冻土的基本特征（图 5.5）。年变化深度以下的温度由多年气候变化的累积效应所决定，深度越大，受气候变化影响的历史越长。

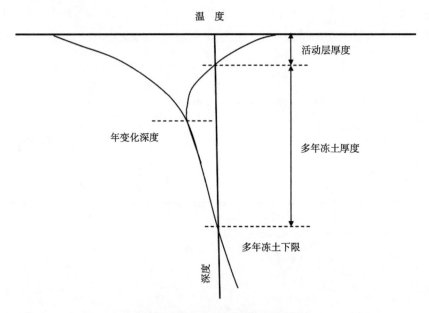

图 5.5 多年冻土地温曲线特征

多年冻土地温曲线的形态与气候的变化规律相关。多年冻土在不同时期地温曲线的形态变化，提供了冻土历史演变过程的信息。根据多年冻土地温曲线的形态可将多年冻土地温曲线划分为三种。

1）平衡型地温曲线

地温曲线大致呈线性，下部地温高，上部地温低［图 5.6(a)］。这种地温曲线表明土层处于相对稳定的热状态，因地热流比较稳定，意味着地气之间的热交换状态变化较小，气候比较稳定。目前，除了一些特殊性地表（如沼泽）外，此类地温曲线并不多见。

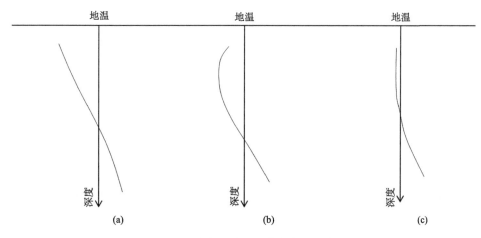

图 5.6　多年冻土地温曲线典型形态

2）正温型地温曲线

地温曲线为向正温方向弯曲的弓形［图 5.6（b）］，表明地表热交换产生热积累效应，使冻土层上部温度升高，因而对应着一定时期内的气候变暖。在目前全球升温的背景下，大部分地区的多年冻土均呈现此类地温曲线。

3）零梯度型地温曲线

多年冻土地温整体性接近于 0℃，地温曲线在多年冻土段呈垂直直线，说明多年冻土上下边界向冻土层传递热量的累积效应已使多年冻土升温达到相变剧烈区域（0℃附近）。这种状态下，多年冻土中的冰水相变成为其内部主要的热平衡过程，升温缓慢。此类地温曲线往往出现在多年冻土边缘地区，多年冻土层一般不超过 30m，上部活动层厚度较大，甚至出现不衔接多年冻土，即在活动层与多年冻土之间存在融化夹层。因此，这种地温曲线预示着多年冻土处于退化的边缘。

4）多年冻土地温对气候变暖的响应

多年冻土对气候变化的响应往往首先从地温变化开始显现。对应一个气候变暖过程，地表热平衡促使土层吸热，在热传导作用下多年冻土层温度整体性逐渐升高，但处于不同地温状态的多年冻土的升温过程有所不同。

多年冻土地温较低时，冻土温度升高引起的相变潜热较小，冻土层中传热过程与一般的热传导区别较小。由于是上部首先升温，然后向下部逐渐拓展，浅层的升温幅度大于深层，地温梯度逐渐减小［图 5.6（b）］。一般而言，多年冻土地温的升温速率小于地表气温的升温速率。当多年冻土地温梯度减小到几乎不存在地温梯度时［如图 5.6（c）］，热量的积累主要消耗于冰的融化潜热，温度升高极为缓慢，地温曲线逐渐逼近 0℃附近垂线形态。随着气候进一步变暖，多年冻土上部开始快速融化，形成融化层。

5.3.3 冻土中的水分迁移

冻土中的水分迁移主要发生在土体冻结过程。在冻结过程中，温度梯度引起液态水的势能差异，形成孔隙水压力差，驱动水分迁移；在融化过程中水分迁移主要在重力作用下发生迁移和重分布。冻结过程中的水分迁移是冻土水分迁移的主要研究内容。

1. 冻结过程中水分重分布

土层冻结过程中发生水分迁移的结果是引起水分重分布，其最显著的特点是冻结区含水量增大，未冻区含水量减小，在冻结锋面附近形成高含冰量聚集区。含冰量增大的原因是水分迁移到冻结区聚集并冻结。在开放系统中（具有外界充足的补水源），水分迁移量较大，冻结区水分增大显著，未冻区由于水分的流失使土层水分略低于饱和含水量。

图 5.7 为青海省天骏至木里公路沿线 K69 里程附近道路整治时开挖的土层断面。这里处于缓坡坡脚，是地下水流汇集区域，粉质砂土土层为水分迁移提供了良好条件，冬季冻结过程中发生强烈的水分迁移，在土层中形成厚层分凝冰。取该处的土样在室内开展的冻土水分迁移的实验证实了冻结过程中的水分重分布特征。实验表明土样在冻结锋面附近形成微层状冰透镜体[图 5.8(a)]，已冻结区域含水量在垂直方向发生了重分布[图 5.8(b)]，在冻结锋面附近含水量最高。其他众多实验也揭示出在补水充分的开放条件下，土体在冻结过程中发生水分迁移，形成水分的重分布现象（图 5.9）。

图 5.7 天骏至木里公路沿线 K69 里程附近分凝冰（2004 年 4 月）

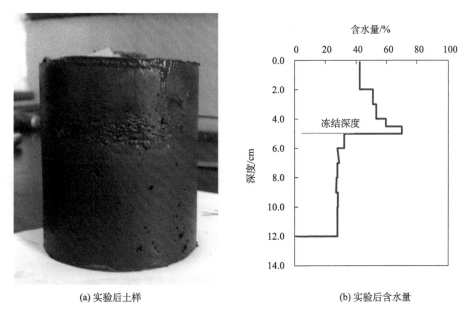

(a) 实验后土样　　　　　　　　　　(b) 实验后含水量

图 5.8　天骏至木里公路沿线 K69 里程附近土样水分迁移实验结果

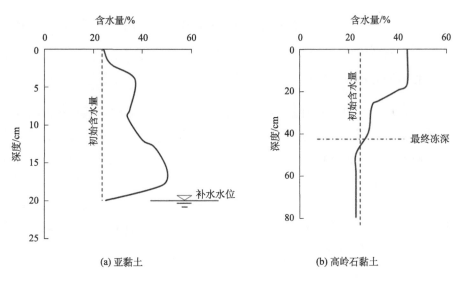

(a) 亚黏土　　　　　　　　　　(b) 高岭石黏土

图 5.9　开放系统中冻结前后含水量的变化

对于封闭系统，由于没有外界水源补给，冻结过程中水分迁移引起的水分重分布实际上是封闭系统中原有水分的调整，土层整体水分含量不变，只是分布状态发生变化。随着未冻区水分不断向冻结锋面迁移，未冻区的含水量逐渐降低，补水能力减弱。因此，在封闭系统中，冻结过程中的水分迁移量相对较小。图 5.10 为典型的封闭系统条件下实测得到的冻土水分重分布结果，可以看到冻结前后土层含水量的显著变化。

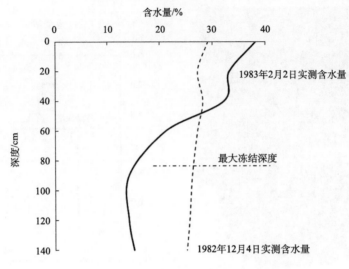

图 5.10　封闭系统条件下冻结黄土含水量变化

在季节冻土区，地下水位对冻土水分重分布意义重大，地下水是水分迁移的主要补给源。

在多年冻土层中，冻土的含水量沿深度的分布往往呈现出上大下小的分布特征，在多年冻土上限附近经常存在高含冰量层。

2. 冻土水分迁移驱动力

控制水分迁移程度的主要因素包括水分迁移驱动力、土体渗透系数和未冻区补给水的能力，其中分迁移驱动力最为关键。当土体发生冻结时，部分水分冻结成冰，冻结区尚未冻结的液态水处于相对较低的能态，未冻区中的水分能态较高，因此在冻结锋面位置产生势能梯度，驱动水分向冻结锋面迁移。水分迁移驱动力是一系列分子作用力的综合作用，根据驱动力的类型，曾提出多种水分迁移驱动力的假说，代表性的理论包括：毛细管作用理论、吸附-薄膜水迁移理论、第二冻胀理论等。目前还没有明确哪种驱动力在冻土水分迁移中为主导因素。

1）毛细管作用理论

土壤中毛细水迁移是指融土中固体矿物颗粒与空气所形成的毛细空间和气液界面所能引起的毛细水上升现象；毛细水在弯液面力（拉普拉斯力）的作用下发生迁移，当孔隙水含量大于毛细耦合的断裂含水量时，则可发生水分迁移。在冻结过程中由冰与土颗粒之间形成的毛细空间和冰-水界面能也引起孔隙水运动。该理论把包气带水分运移的驱动力完全归结为毛细管力，水在毛细管力的作用下沿土体中的裂隙和"冻土中的孔隙"所形成的毛细管向冻结锋面迁移。

2）吸附-薄膜水迁移理论

该理论认为土颗粒对水分子具有吸附力，这种吸附力即是土水势，其大小与土颗粒的矿物成分和粒度以及与距土颗粒表面的距离有关。受温度和土水势的影响，土颗粒外围的未冻水膜是不对称的，土壤中位于冰和土颗粒间的未冻水膜的厚度是温度的函数，冷面薄、暖面厚。在一定温度下，冻结锋面处土颗粒周围的水膜开始冻结，此处的未冻水膜变薄，使原处于平衡状态的未冻水-冰-土颗粒系统失去平衡。为了维持新的平衡，未冻水膜由温度较高、未冻水膜较厚的土壤颗粒周围向温度较低的未冻水膜较薄处迁移，以达到新的平衡。因此，在负温范围内，当土壤中存在温度梯度时，同时形成未冻水含量的梯度，在这个梯度作用下，未冻水将从未冻水量高的区域向未冻水量低的区域迁移。该理论是目前在冻土学中被普遍认可的用来解释细粒土在冻结和融化过程中水分迁移、冰透镜体和厚层地下冰形成机制的理论。

3）第二冻胀理论

1972 年由 Miller 提出的第二冻胀理论认为，正冻土中的剖面结构由已冻区、冻结缘区和未冻区组成（图 5.11）。冻结缘区为冰透镜体与冻结面之间的过渡区域，是水分迁移、成冰作用及冻胀的区域。

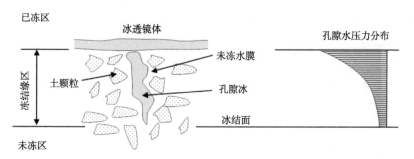

图 5.11　正冻土中冻结缘区示意图

在冻结缘区，从冻结面冰透镜体方向，孔隙冰含量不断增长，未冻水膜逐渐减薄，从而在冻结缘区形成孔隙水压力梯度，驱动未冻区的水分不断向冰透镜体锋面迁移、聚集、冻结。

4）物理化学理论

该观点认为矿物颗粒的吸附作用、异相界面的离子交换吸附作用、土颗粒表面的水化学作用、表面势能差等作用不平衡，导致吸附的薄膜水运动，达到新的平衡，冻结过程不断改变这些作用，导致水分迁移的持续发生。

在自然条件下，水分迁移是力学、物理和物理化学因素综合作用的结果。由于水分在土壤孔隙中的运动速度很慢，其动能一般很小。所以，"土水势"就是土壤水分所具有的位能，即势能。对于所研究的冻-融土壤系统来说，任意两点的土水势之差，即为此两点间水分运动的驱动力，使土壤水分由高土水势向低土水势区运动。土水势理论的引入，不仅从根本上解决了土壤水分迁移机制问题，而且使采用数学物理方程定量研究土壤水分的时空分布和运动规律成为可能。

引入土水势后，与非冻土中的水分运动类似，冻土中的水分迁移可以统一表达为

$$q = K \times \mathrm{Grad}\,\psi \tag{5.32}$$

式中，q 为水分迁移通量；K 为冻土的导水系数；ψ 代表土水势；$\mathrm{Grad}\,\psi$ 为土水势梯度。

按照式（5.32），冻土水分迁移由土水势及其梯度和导水系数所决定。影响土水势的因素主要包括土质、冻结条件、盐分、荷载等。土质对土水势的影响主要为矿物成分和土颗粒粒径的影响，土质从粗到细，比表面积增大，毛细半径变小，对水分束缚作用增强，土水势增大；冻结条件的影响体现在温度梯度引起的土水势梯度变化方面，温度梯度越大，则土水势梯度也越大；盐分通过改变薄膜水的势能影响土水势，盐分含量越高，土水势越低；荷载的施加提高了孔隙水压力，降低了土水势。影响导水系数的因素主要为土质和含水量。土质越粗，导水系数越大，黏性土的导水系数最小；含水量对导水系数的影响体现在孔隙水的饱度上，饱和度越低，导水系数越小。此外，含水量对水分迁移的影响还表现在水分补给能力上，含水量越大，则补水条件越好，水分迁移量也就越大，具有地下水补给条件的冻结过程中，往往会产生较大的水分迁移。

3. 冻土水分迁移的模拟

如前所述，冻土中的水分迁移是土体冻结过程中产生液态水能态差而引起的水分运动。目前冻结过程中的水分迁移普遍采用 Harlan 模型，基本假设条件为：①土颗粒为刚性体，冻结过程中不发生变形；②忽略中立的影响；③土体中水分以液态形式迁移，不考虑水汽迁移。在这些假设前提下，认为冻土中的水分迁移规律与非饱和土中的水分运动规律类似，基本方程为式（5.32）。

对于一维冻结问题，设处于正冻状态的单元土层厚度为 Δz，迁移进入单元体的水流通量为 q，迁移出单元体的水流通量为 $q+\Delta q$，单位时间 Δt 内单元体总含水量从 θ 变为 $\theta+\Delta\theta$，根据质量平衡原理，单元体含水量的变化量等于水分迁移量的差值，即

$$\frac{\Delta\theta}{\Delta t} = -\Delta q \tag{5.33}$$

依据式（5.32），微分方程为

$$\frac{\partial\theta}{\partial t} = -\frac{\partial}{\partial z}\left(K\frac{\mathrm{d}\psi}{\mathrm{d}z}\right) \tag{5.34}$$

由于总含水量包括未冻水含量 θ_u 和含冰量 θ_i，因此得到：

$$\frac{\partial \theta_u}{\partial t} = -\frac{\partial}{\partial z}\left(K \frac{\mathrm{d}\psi}{\mathrm{d}z} \right) - \frac{\rho_i}{\rho_w}\frac{\partial \theta_i}{\partial t} \tag{5.35}$$

式中，ρ_i 和 ρ_w 分别表示冰和水的密度。

在模拟计算冻土的水分迁移时，如何确定和描述冻土的土水势和导水率非常关键。冻土中土水势的一种近似方法是采用非冻土中基质势与含水量的水分特征曲线，将基质势理解为土水势。在冻土中将冰视为与土颗粒相同的组分处理，而水分仅为未冻水量，这样，基质势 ψ 成为未冻水含量的函数，应用土壤水分特征曲线便可由未冻水量得到基质势。冻土中冰的存在使得其导水系数变得很小，很难通过实验测定，在模拟计算中通常采用一些经验公式给出。冻土中冰对导水系数的降低程度可采用阻抗系数（I）表达为

$$I = 10^{10\theta_i} \tag{5.36}$$

由于冻土水分迁移中涉及冻结面的确定和冰与未冻水含量等计算，水分迁移的发生改变了土层中含水量的分布，这些变化又会引起冻土热参数的变化，迁移水分的相变更是会对冻土的热平衡产生影响，因此冻土的水分迁移的模拟往往是与冻土热量传递过程耦合计算的。

对于盐渍土，伴随着冻结过程中的水分迁移还会发生离子迁移。水分冻结时，离子和细分散矿物受到生长冰晶的排挤，使得它们在冻结锋面之前浓度增大，形成离子、化学物质和细分散微粒的冷生聚集区。随着水分迁移的离子在冻结时的聚集，未冻水中盐分浓度增大，最终形成离子的重分布。

5.4　积雪温度变化和融水

积雪层内的热量传递、温度变化和融水渗透与冰川表面雪层的情况有很大程度的相似性，但积雪厚度较小，融化-冻结频繁，融水作用更为显著，温度剖面等极不稳定。下面将从热学性质、温度变化和融水作用三方面予以阐述。

5.4.1　雪的热学性质

积雪密度变化范围较大，导致热学参数也有较大变化。雪的基本物质为冰晶体，但一般我们所说的雪并不是指单个雪花或雪粒，而是有一定规模的雪粒堆积体，比如季节性积雪、冰川和海冰等冰体表面的雪层。雪的密度范围很大，一般多在 $200 \sim 600\ \mathrm{kg/m^3}$ 之间，但新降雪可低于 $100\ \mathrm{kg/m^3}$，冰川上的粒雪密度一直可增大到接近 $830\ \mathrm{kg/m^3}$。因此，雪的热学性质与密度的关系是一个重要研究课题。由于比热和融化潜热采用的是质量比热和质量融化潜热，他们与密度无关，可取与冰相同的值，对雪的热学性质的研究主要为雪的热导率与密度和温度之间的关系，热扩散率可由热导率、比热和密度计算得出。

雪的热导率实验室测量通常采用量热法，也就是对已知密度的雪块样品在已知恒定

温度和压力条件下施加一定的热源，然后测量其温度分布随时间的变化，再应用热传导公式来计算热导率（也可先计算热扩散率）。由于雪粒间有空隙存在，雪层中的热传递除了传导之外，还有对流和辐射以及源于升华和凝华的水汽扩散作用。所以，实验观测得出的热导率又被称作有效热导率。一般认为低温条件下雪颗粒之间微量的空隙和气体导致的对流和辐射也很微弱，水汽扩散则相对较为重要。在野外现场也可应用量热法进行测量实验，但会受到环境温度变化等因素的影响。

实验结果普遍表明雪的热导率随密度增大而增大，但不同实验研究得出的关系式不尽相同，如图 5.12 所示。由于同样密度的雪，雪粒粒径、形态、雪粒之间的连接程度不同会导致热导率不同，再加上测试技术方面（如使用的设备和实验环境条件）的差异，各研究结果之间存在差异是必然的。尽管如此，相对较多的研究结果显示雪的有效热导率近似地与密度的二次方成正比，即 $\lambda_{se}=a+b\rho^2$，其中，λ_{se} 是雪的有效热导率，a 和 b 为常数，但不同研究者给出的 a 和 b 值不相同。Yen 等（1991/1992）汇总多人的研究结果拟合出的关系式为

$$\lambda_{se}=2.224\rho_s^{1.885} \tag{5.37}$$

式中，λ_{se} 为雪的有效热导率，W/(m·K)；ρ_s 为雪的密度，Mg/m^3。

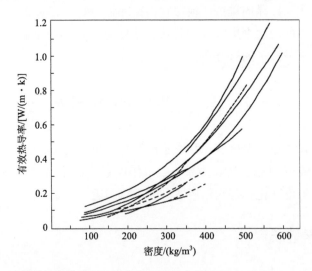

图 5.12　雪的有效热导率随密度变化的某些实验结果（Yen et al.，1991/1992）

除了密度外，有些实验观测还调查了温度对雪的热导率的影响，得出雪的热导率随温度升高呈减小趋势，但也有结果表明在密度很低时热导率出现随温度升高而增大的现象，可能密度很低温度较高时水汽扩散的影响较为显著。Yen 等（1991/1992）综合考虑密度和温度因素，拟合得出：

$$\lambda_{se}=0.0688\exp(0.0088T+4.6682\rho_s) \tag{5.38}$$

式中，T 为以℃为单位的温度。

也有从理论上推导的研究，如 Schwerdtfeger（1963）应用非均一介质电导率理论对雪的热导率做过理论推导，得出：

$$\lambda_{se} = \frac{2\rho_z}{3\rho_i - \rho_z} \lambda_i \tag{5.39}$$

式中，ρ_i 为冰的密度。

按照这些近似公式和某些实验结果，大体上，密度为 100kg/m³ 雪的热导率约为 0.05 W/(m·K)，与玻璃丝绝缘体相似；密度为 300kg/m³ 时，热导率约为 0.13 W/(m·K)；密度为 500kg/m³ 时，热导率约为 0.44 W/(m·K)，与砖块相似，都显著低于冰的热导率。

5.4.2　积雪温度变化

积雪内部温度主要受表面温度和雪层下地面温度影响，表面温度则主要受控于气温变化。雪层内的热量传递以热传导为主，辐射穿透深度较小，雪层中空气对流传热与热传导相比也比较小，但如果雪层中温度较高，水汽扩散的作用不容忽视。如果表面最高温度低于 0℃且日变化遵从谐波函数规律（如前面对冰川和冰盖表面层温度分布），由热传导引起的表面温度波向内部的传播速度略小于 0.5m/日（依据前面关于雪的热学性质阐述，取雪在密度为 300kg/m³ 时热导率为 0.13W/(m·K)）。但是，温度变幅随深度衰减很快，在 0.1m 深度上约为表面的 1/3，0.2m 深度上约为 11%，0.4m 深度约为 1%。加上辐射和对流等传热因素，雪层内温度日变幅达到表面日变幅 1% 的深度也不会超过 0.5m。因此，积雪厚度超过 0.5m 时，温度剖面可分为两层，0.5m 深度以内温度随表面温度处于不断变化中，日平均温度基本等于日平均气温；0.5m 深度到底部，温度基本没有日变化，0.5m 深处温度与日平均气温相等，底部温度与地面温度相等，温度梯度取决于上层日平均温度和地面温度的差值。

当气温间或高于 0℃ 时，雪层表面温度有时可达到 0℃，也可能会有融化发生。这时需要将热传导之外的其他热传递过程也予以考虑，雪层内的热量平衡方程及其求解复杂很多。中等复杂程度的模型是在热传导之外再加上辐射作用，而且如果用焓方程来刻画能量平衡，可简化计算相变潜热的复杂性，因为积雪表面融化时有发生，融水作用比较突出。如果定义温度为融点（0℃）时的液态水比焓为 0，则该模型给出的能量平衡方程为

$$\frac{\partial H}{\partial t} = \frac{\partial}{\partial y}\left(\lambda \frac{\partial T}{\partial y} - R_s(y)\right) \tag{5.40}$$

式中，H 为比焓；T 为温度；λ 为有效热导率；y 为深度坐标；R_s 为深度 y 处的辐射通量，主要由雪面反照率和雪层的消光系数所决定。

实际上，雪层表面温度并不容易直接测量，最简单的是用近表面气温来代替，或者

可以表示成只受表面气温控制的简单函数。但表面能量平衡方程（见第4章）表明，积雪表面热量平衡中辐射平衡是非常重要的，辐射平衡中反照率又是关键因子。积雪反照率不仅为积雪热学特征研究所关注，又是积雪光学性质中的重要关注点，在积雪遥感中尤为重要，因而在其他章节和另外的专著（如本系列丛书"冰冻圈遥感"）中有专门介绍，这里对它不展开阐述。简单地说，影响积雪反照率的因素可归为积雪自身某些特征和外在条件的变化。在积雪自身特征方面，有雪粒粒径、含水率、空隙度（密度）、积雪厚度和雪面及雪层内杂质等。综合雪的各种特征，可简单地将雪分为新雪、洁净密实干雪、粗颗粒老雪、湿雪和污化雪等。他们的反照率分别大致为70%～90%或更高、80%～90%、50%～70%、30%～50%和20%～30%或更低。影响积雪反照率的外在因素主要有太阳高度角、地形（如遮蔽度）、天气气候条件（如云和气溶胶）等。

当气温大部分时间高于0℃时，表面融化比较突出，融水渗透和再冻结释放潜热会显著提高雪层温度。特别是整个雪层或大部分深度上都有未冻结水时，整个雪层温度基本都处于0℃。这在气候较为温湿的地区和积雪融化期是较为普遍的。

5.4.3　积雪内融水迁移

积雪表面的融化是时常发生的，不仅融雪期，即使积雪形成期和稳定期，融化也会发生。因此，虽然与冰川和冰盖相比，积雪厚度小得多，但积雪内的融水迁移也很复杂。积雪表面融水向雪层内部的渗透依表面融化强度和雪层厚度大致可分为以下三种情况。

（1）表面融化微弱，融水渗透小。如果表面融化微弱，融水仅渗透很小深度，有可能会迅速重新冻结，因为当表面仅微弱融化时雪层温度一般都低于0℃。微弱融化往往出现在气温短暂高于0℃的低温期，因而融水冻结释放的潜热虽然可提高渗透范围及其附近雪的温度，但随后气温的冷波向雪层的传播又会使雪层温度降低，雪层厚度基本保持不变。

（2）表面融化较强，融水渗透深度较大。当表面持续融化一段时间，融水会不断向雪层更大深度渗透，但如果雪层厚度较大，融水并不能渗透整个雪层。这种情况下，整个雪层的温度基本上都因融水渗透而提高到0℃，雪层厚度会有所减薄，但不存在物质损失。

（3）表面融化强烈，融水穿透整个雪层。如果表面强烈融化持续时间较长，无论雪层深度多大，融水不仅能够渗透整个雪层，还会有多余的融水到达地面，整个雪层的温度处在0℃，雪层因物质损失而显著减薄。如果强烈融化时间长或者雪层较薄，整个雪层会融化消亡。

在整个积雪期，降温过程中出现升温和升温过程出现降温非常普遍，降雪间隔时间和每次降雪量也不规则，所以上述三种融水渗透情况会交替出现，但第一种情况较多出现在隆冬季节，第三种情况多出现在积雪初期和融雪期中、后阶段。

积雪中融水渗透过程也可用式（5.21）至式（5.23）的一维扩散模型描述，但因雪层厚度一般较小，时间尺度较短，要对其中的相关参数和定解条件刻画得比较准确也有很大难度。

5.5　河冰和湖冰热学特征

河冰和湖冰存在于水中，水的影响使其热学过程变得复杂化。相对来说，湖水处于相对静止状态，湖冰的热状况比较简单一些，但目前对河冰物理过程的观测资料极为贫乏。河冰受到流水影响，热学、力学和动力学交织在一起，再加上河冰并非都是覆盖于整个河面的完整规则冰体，其热传递及其导致的温度变化极为复杂多样，此处仅对通常最为关注的情况给予阐述。

5.5.1　河冰的热学特征

河冰因为河水流动的影响而非常复杂。如果河冰是破碎的，则随河水一起流动，除了冰与水之间有热量交换外，更主要的是受河流动力学机制所控制。当河流某些区段完全封冻后，冰内温度分布除了受能量平衡控制外，冰下水的温度和水流的冲刷也有影响。由于水流的冲刷作用难以很好地描述，河冰热力学模型中一般都不予考虑。

目前对河冰热学特征研究主要只针对封冻河冰，破碎河冰因冰体形状和大小在不断变化中，无法定量描述其热交换过程。封冻河冰竖向温度剖面比较常用的热量平衡方程为

$$\frac{\partial T}{\partial t} = \frac{\partial}{\partial y}\left(k\frac{\partial T}{\partial y}\right) + \frac{f}{pc} \tag{5.41}$$

式中各符号定义与式（5.4）中的相同，但内部单位体积内热量产生率 f 主要为短波辐射穿透冰层所产生的热量，是深度的函数，与前面式（5.40）中的辐射通量类似。边界条件可定义为

$$K\frac{\partial T}{\partial y} = q_s - pL\frac{\mathrm{d}h}{\mathrm{d}t}, \quad y = 0 \tag{5.42}$$

$$K\frac{\partial T}{\partial y} = q_b - pL\frac{\mathrm{d}h}{\mathrm{d}t}, \quad y = h \tag{5.43}$$

式中，q_s 和 q_b 分别为冰表面和底面处的热通量；L 为冰的融化潜热；h 为冰厚度。

从式（5.42）和式（5.43）可以引申出封冻河冰厚度变化问题。因此，河冰的能量平衡与质量平衡是紧密耦合的。

如果冰表面上的雪层比较厚而必须考虑的话，则可以将雪层和冰层分开建立方程，其中雪层仍可用式（5.41），而冰层则可将式（5.41）中内部热源忽略。

上述公式虽然看起来并不很复杂，但要求解计算温度分布，还需要对其中涉及的各

个因子给予进一步描述，特别是边界条件中界面热通量和厚度变化又涉及界面上的能量平衡和融化速率，要准确表述仍然需要进一步假设和简化（见第4章冰冻圈能量和物质平衡）。

对河流中的破碎冰，热力学与水力学的交织更为强烈，涉及冰的形成和发展过程以及输运和阻塞等过程的研究，必须要将水流、河床和冰体的热力和动力等各种因素综合起来考虑，很难建立具有实际意义的数学模型。

5.5.2　湖冰的热学特征

湖冰的热力学特征相对简单，这里简略概述其影响因素和主要特征。湖冰的上表面与大气相互作用，底面与水体相互作用。表面能量交换由能量平衡方程所决定，冰内的热量传递以热传导为主，其他热量传递都可忽略，温度竖向剖面可用一维热传导方程式（5.5）近似描述，上边界条件为表面温度，主要由气温变化所控制。下边界条件为水体与冰接触面上的温度，可定义为冰的融点。因此，冰内温度剖面主要取决于表面温度如何变化。

在强烈持续融化时段，气温高于0℃，表面温度处于融点，整个冰层温度逐渐趋于融点。在气温持续低于0℃情况下，由太阳辐射引起的融化很微弱，表面温度也基本低于0℃，表面温度波动向冰内的传播速度和振幅衰减取决于冰的热学参数和温度波动周期（与前面对冰川和冰盖近表层温度分布的阐述类似）。如果取纯净冰的热学参数值，表面温度日变化向冰内的传播速度为每天约1.08m，在1m深度上的温度日变化振幅仅为表面的0.3%，0.4m处约为10%。据此，冰体厚度如果超过1m，超过1m深度的温度没有日变化，1m深度以内的温度都存在日变化，可用式（5.7）描述。

当表面有雪层覆盖时，由于雪的热导率显著低于冰的热导率，表面温度波动向内部的传播也显著减弱。

湖泊如果是咸水湖，湖冰中的盐分会影响湖冰的热学参数。关于咸水冰的热学参数将在海冰热力学部分阐述。

尽管无论咸水冰还是淡水冰，其热导率和热扩散率都大于咸水和淡水的值，但水面的冰阻碍了大气冷波向水中的传播，也阻碍了水面的蒸发，减少了水与大气之间的能量交换。

5.5.3　河冰和湖冰的融水

河流从开始结冰到冰全部消失虽然可能几个月时间，但某些河段的河面全部封冻期时间较短，而只有当河面全部封冻情况下降雪可以表面累积。如果河冰表面雪层间歇融化，融水就会在雪层中下渗，融水量小或雪层较厚时，融水仅滞留在雪层中；而融水量大或雪层较薄时融水可渗透雪层并在底部冰面上聚集。降温时气温的冷波向雪层传播使雪层内和底部的水重新冻结，水冻结释放的潜热能够使雪层维持比气温较高的温度。

在暖季来临后，雪层的融化基本上是持续性的，尽管有时有短暂降温。雪融水以及液态降水对来自太阳的热能有比较强的吸收能力，从而促进冰的融化。

湖冰表面的雪层及其融水与封冻河冰上雪层的作用情况类似。

总体来说，河冰和湖冰表面融水当冰层连续时都滞留在雪层或聚集在雪层底部，如果冰层有裂缝或比较破碎，融水会下泄到冰下水体。

5.6　海冰热学特征和融水

海冰含有盐分是其主要特点，内部结构也不像静止淡水冻结冰那样致密，空隙和气体含量也较多。于是，海冰的热学参数、内部热传递和融水作用也与其他冰冻圈要素有差异。

5.6.1　海冰的热学性质

海冰含有盐分和气泡，而且盐分的大部分以卤水形式存在，另一部分则以固态形式存在（只有在温度极低条件下盐分才完全呈固态形式，但自然界通常达不到如此低的温度），因而海冰是冰和卤水、结晶盐、气体等物质的多相体混合物，其热学参数与纯冰有很大不同。

1. 海水的冰点

海水没有固定的冰点，含盐量为 3.25% 的海水从 $-1.5℃$ 开始结冰，但是一直降温至 $-50℃$ 并不完全冻实。开始冻结形成的冰含盐度略低于海水，并含有大量的盐泡（卤水的包裹体），但盐泡中的卤水因比重比冰的比重大而不断向海水中流失。随着进一步冻结，冰厚度持续增大，未流失的盐泡被压缩后完全封闭在冰体中。因而大部分海冰的含盐度仅约为海水盐度的 1/10。海冰形成后随着冰龄增长，盐分还会不断变化。

2. 海冰的融化潜热

海冰的融化潜热比纯净冰的要小，而且随温度和盐度而变化。如果用 $T(℃)$ 和 $S(‰)$ 分别表示温度和盐度，则在 $-8\sim0℃$ 范围内，海冰的融化潜热 L_{si} 为与盐度和温度的关系可表示为（Yen et al., 1991/1992）：

$$L_n = 4.187\left(79.68 - 0.505T - 0.0273S + 4.3115\frac{S}{T} + 0.0008ST - 0.009T^2\right) \quad (5.44)$$

3. 海冰的比热

由于海冰温度变化时某些物质组成会有相变发生，海冰的比热可以认为是其中某些物质的相变潜热和因温度变化而吸收或释放的热量的总和。所以，海冰的比热与温度和盐度的关系非常复杂，总体来说，海冰的比热随着盐度增加而增大，随温度降低而减小。图 5.13 所示为海冰体积热容量的一些实验结果汇总，从中可以看到，海冰体积热容量在低于大约–30℃情况下随温度降低的变化非常缓慢，温度高于约–25℃时则随温度增加迅速增大，特别是越接近融点增大越快。粗略地估计，–10℃以上海冰温度变化 1K 所吸收或释放的热量相当于–30℃以下温度变化 10K 的热量。因此，这种接近于融点时因相变潜热引起的比热增大效应在海冰模式中应予以特别关注，否则可能会对海冰融化速率的估计带来很大误差。

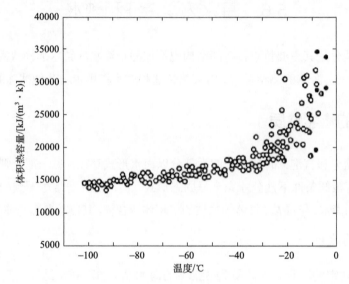

图 5.13　海冰的体积热容量随温度变化的某些实验结果（Yen et al.，1991/1992）

圆圈和黑点等表示不同研究者的实验数据

海冰比热的复杂性导致不同研究者不仅在不同的温度区间依据实验结果拟合的公式也有所不同，即使比较相近的温度区间所获结果也有差异。当温度高于–8.2℃时，比较简单的拟合公式为

$$c_{si} = 2.114 + 0.0075T + 18052\frac{S}{T^2} - 3.35S + 0.84ST \qquad (5.45)$$

4. 海冰的热导率

卤水的热导率基本低于纯净冰的值，与温度的关系可近似地表述为（Yen et al., 1991/1992）：

$$\lambda_b = 0.4184(1.25 + 0.030T + 0.00014T^2) \qquad (5.46)$$

海冰常有气泡夹杂其中，气体的热导率又显著低于冰和海水的值。因此，海冰的热导率不仅受温度和盐度的影响，也与气体含量（可由孔隙率或者密度来反映）有关，如图 5.14

所示。依据实验测试结果，可分别拟合热导率与温度和盐度之间关系，如对温度的影响，有的实验得出（Yen et al.，1991/1992）：

$$\lambda_{\text{si}} = 1.16(1.94 - 9.07 \times 10^{-2} T + 3.37 \times 10^{-5} T^2) \tag{5.47}$$

也有关于温度和盐度共同影响的拟合简单公式，如

$$\lambda_{\text{si}} = \lambda_i + 0.13 \frac{S}{T} \tag{5.48}$$

其中，λ_i 为纯净冰的热导率。

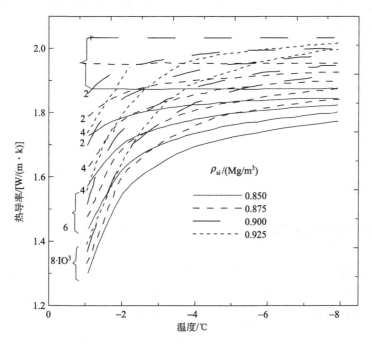

图 5.14　不同密度（相当于不同孔隙率）和盐度的海冰热导率随温度的变化
（Yen et al.，1991/1992）

5. 海冰的热扩散率

海冰的热扩散率虽然可以依据密度、比热和热导率来计算，但由于在确定这三个参数时都有一定误差，最后得出的热扩散率有时误差较大。所以，海冰热扩散率可通过直接现场测量温度剖面的变化再反推获得，但这种方法也比较粗糙，因为反推中的计算公式也是简单的近似。另外的测量方法是取海冰样品，然后用专门的测量设备进行测量，其准确性相对较高，但样品的代表性需要考虑。总体上，海冰热扩散率随温度升高和盐度增大均呈现减小趋势。

6. 海冰的密度

由于海冰的密度有较大变化范围，对海冰密度的测量也是海冰热学性质研究中必须关注的。一般来说，海冰的密度与盐度、温度和空气含量有关，在温度高于–8℃情况下他们之间相对简单的关系式为

$$\rho_{si} = (1 - V_a)\left(1 - 4.51\frac{S}{T}\right)\rho_i \tag{5.49}$$

式中，ρ_{si} 和 ρ_i 分别为海冰和纯净冰的密度；V_a 为海冰中空气体积比。通常海冰的密度会随着冰龄增长而减小。

7. 海冰的热膨胀

海冰的热膨胀系数随盐度和温度而变化，但具体实验观测结果非常少。大致认为，高盐度海冰随温度降低呈现膨胀趋势，但膨胀系数随温度降低而减小；低盐度海冰随温度降低也出现膨胀，但当温度低到一定程度时则出现收缩，其临界温度随盐度增加而降低。纯净冰在温度低于约 50K 时会呈现随温度降低而收缩现象，那么低盐度海冰要出现收缩现象的温度应当更低。

5.6.2 海冰中的热量传递

海冰中的热量传递包括传导、对流和海水作用等，其中热传导是最为主要也是首先被考虑的。对热传导过程，仍可用一维方程[形如式（5.5）]描述，上边界和下边界条件分别为海冰表面温度和海水表面温度。表面有雪存在时，可将雪层和冰层分开来考虑。因为雪层中常会有融水渗透和重新冻结，再加上太阳辐射也会在雪层中穿透一定深度，在方程中可以加上热源项。由于辐射和融水作用都很复杂，将两者进一步分开描述会增加求解计算的复杂性，因而可参照前面关于积雪比焓方程（5.40）来处理，也可仍然用温度场方程。需要指出的是，相比于冰川、积雪、河冰和湖冰，海冰的热学参数通常不能取作常量，例如：

$$\rho c(y,t)\frac{\partial T}{\partial T} = \frac{\partial}{\partial y}\left[\lambda(y,t)\frac{\partial T}{\partial y}\right] + Q(y,t) \tag{5.50}$$

式中，Q 为融水冻结释放潜热和太阳穿透辐射热量的综合，其他符号含义同前。

在气温低于0℃海冰持续稳定存在的时期，表面温度主要取决于表面能量平衡，其中最主要控制因素是气温和辐射平衡。海冰表面能量平衡各分量及其定量表述在本书第 4 章已有介绍。

在海冰融化期，表面融池的形成对表面温度影响比较大。另外，表面的水可通过气孔等冰内空隙下泄而影响海冰温度。

海冰中因有气孔存在，对流产生的热量传递往往是不可忽略的。海冰中的对流传热是非常复杂的，因为气孔总体积和气孔通畅性并不是均一的。很显然，气孔总体积越大对流越强，但同样体积气孔若每个气孔的截面和曲直程度不一样，对流强度也不一样。因此，理论上只能进行气孔规则形状和均匀分布的假设。由于对流热传递相比于热传导要弱一些，在气孔体积比不大情况下，也可干脆不考虑对流传热。

一般来讲，在海冰温度分布研究中，如何能准确描述海冰表面温度是海冰热量传递研究的关键，因为海冰表面温度受气温、辐射和表面相变潜热等多种因素影响，而其中的每一项用简单的函数描述都与实际情况有较大偏差。

5.6.3　海冰的融水

海冰的融化有很强的季节性特征，对于一年冰，在第二年的夏季将全部融化。第二年夏季没有融化的海冰，将成为二年冰，以致发展成多年冰。即使海冰在夏季没有全部融化，其厚度也会大幅减少。观测数据表明，有些多年冰冬季的厚度为 4 m，夏季的厚度会减小到 1.2 m 左右。

1. 海冰表面融化和融池

海冰的融水来自两个方面：一是外部融化，另一个是内部融化。海冰的外部融化又可分为上表面融化、底面融化和侧向融化，其中表面融化通常是最为重要的。海冰的上表面融化主要是上表面接收的太阳辐射能直接作用于海冰所致。到达冰面的太阳辐射只有波长较短的光（400～550 nm）能够进入海冰内部，用来升高海冰的温度，而波长较长的光在上表面很薄的冰层中全部被吸收，辐射能转化为热能，并通过海冰的热传导进入海冰内部。当太阳辐射强度超出海冰热传导通量后，剩余的热量使海冰表面升温，进而引发上表面的海冰开始融化。

融冰产生的水可能流入海洋，或者进入融池。上表面平整的海冰所融化的冰水有时无处可流，会形成一层积水层。水比冰有更小的反照率和更大的吸热率，会促进太阳辐射能的吸收，加速海冰的融化。

在崎岖不平的冰面，表面积雪在春季融化后，融水会聚集在低洼处，形成融池。融池的形状取决于冰面低洼处的几何特征，而融池的深度则取决于进入融池融水的"流域"范围，因此，不同融池的形状和深度差异极大。一旦有部分融水直接注入海洋，融池的深度就会明显减小。在很多情况下，由于冰脊都是平行排列的，导致大范围的融池相互连通，形成大规模联通水域。

融池的形成与冰面粗糙度有关，当有比较高大的冰脊时，形成的融池会较深。而如果冰面非常平整，没有冰脊，就不会形成融池。观测表明，平整冰表面没有融池，积雪融化的水沉积到冰面，在稀疏的积雪之下形成积水层。有研究表明，近年来北极海冰夏季融池覆盖率可达 56%以上。

2. 海冰的底面和侧向融化

温暖的海水会形成海洋热通量，这些热量到达海冰底部时，只有很少的部分进入海冰，大部分海洋热量滞留在冰底，导致海冰融化。

下表面融化主要取决于海洋中可用的热量，而来自其他海域较暖的水平水流所携带的热量往往非常巨大。大部分平流而至的暖水往往经历过无冰水域的太阳辐射加热，其热储量远大于冰下海水直接吸收的太阳辐射能。这部分海水进入冰下后会受到阻滞，流动速度减缓，其热量直接向海冰释放，形成很大的海洋热通量，导致海冰的快速底部融化。

夏季，大范围的浮冰分裂成大大小小的冰块。对于同样面积的海冰，冰块越多，其与海水接触的面积就越大。海冰侧面与海水接触的部分就会发生融化或剥蚀，称为侧向融化。

海冰的侧向融化速度包括海冰侧向直接融化、海水剥蚀以及海冰之间碰撞导致的侧向粉碎等，但在观测中几乎无法区分各自的贡献。此外，侧向融化的速度取决于海水中的热含量，热含量越高，侧向同化速度将越大。不同的季节、不同的海冰密集度、不同的区域，侧向融化速度都不一样。随着北极变暖和海冰减退，侧向融化对海冰密集度的贡献将越来越大。

3. 海冰内部融水

海冰的内部融化是因为海冰内的盐泡含有液态水，太阳辐射强烈时因水比冰更好地吸收辐射能而使温度升高，从而融化盐泡周围的冰。另外，海冰中还有大量空隙，特别是冰龄较长的老冰孔隙率较高，这些空隙容易接纳来自外界的水分。正因为海冰空隙较多，有些连通至冰下，海冰内部融化的水和来自外部的水很大部分都通过这些贯通空隙下泄到海水中。

海冰内空隙或者泄水通道大致可分为两类：由风力和海浪冲击以及海冰运动中挤压、碰撞等动力因素形成裂缝和空隙等；源于海冰自身结构的空隙，如盐泡和气孔等。前者的尺寸较大，泄水能力较强；后者虽然数量众多，泄水能力却较弱，不过随着融化持续，空隙越来越大，泄水能力越来越强。冰内泄水通道按形状和排列主要分为树状和网状两种，但无论哪一种，要建立模式定量表述其泄水过程都比较复杂，较多的还是通过实地观测进行估计。

5.7 冰架的温度和融水

冰架是冰盖在海洋的延伸部分，表面热量交换和内部热量传递与冰盖的类似，主要差别在于底部热交换状况不同。

5.7.1　冰架的温度变化

与冰盖相比，关于冰架温度分布的研究相对较少。作为海洋冰冻圈的主要要素之一，冰架的厚度比海冰厚度大得多，可参照冰川和冰盖温度分布将其分为近表层（年变化层）和深层来阐述。近表层温度分布与冰川和冰盖类似，深层温度剖面受年变化层底部和冰架底部温度控制。冰架底部的温度等于或接近海水的冰点。冰架底部是从海水中吸收热量还是向海水中释放热量，主要取决于海水的温度和运动情况。如果冰架保持稳定状态，即厚度不随时间变化，则表面积累、竖向运动和底部的相变必然保持平衡。由于冰架不同地点受陆地冰的影响程度、冰体运动、冰体厚度、表面积累、底部相变和冰下海水的特征（温度、盐度、流动等）等诸多方面存在差异，冰内温度剖面必然有所不同。靠近触地线，受陆地冰影响程度较大，水平运动速度导致的平流效应比较突出，致使温度剖面的弯曲特征比较明显。深入海洋越远，漂浮冰的水平运动速度随深度变化越小，平流作用较弱，温度剖面更接近直线，其斜率取决于表面与底部温度之差和厚度。

图 5.15 所示为几个冰架实测温度剖面，其中 Amery 冰架和 Filchner 冰架的温度剖面与其他的有所不同。Amery 冰架的剖面下部具有反向弯曲的特征被认为是底部海水冻结所致，其证据是钻取的冰芯靠近底部一段为海水冻结冰。Filchner 冰架剖面中上部出现温度随深度降低的负温度梯度，解释起来比较困难，有推测认为温度较低而又比较坚硬的陆地快速冰流的侵入对此有重要贡献。

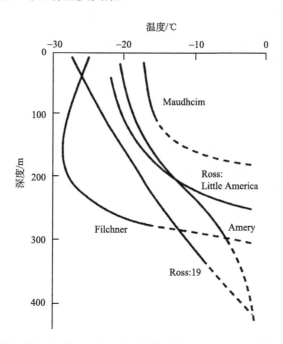

图 5.15　实测的冰架温度剖面，其中虚线系依据冰架底部海水温度推测（Paterson,1994）

冰山自脱离冰架以后，由于主体浸泡在海水中，冰体温度逐渐趋于海水温度；露出海面部分的冰体温度随气温变化而变化。在气温低于 0℃的情况下，降雪会使冰山表面被雪层覆盖，但雪层通常较薄。当冰山漂浮到海水温度高于 0℃海区时，冰山会持续不断融化直至消失，但在海水处于不高于 0℃的海区，冰山仅受海浪冲蚀而损失冰量。

5.7.2　冰架的融水

由于冰架处于海冰表面，且在极地地区，年降雪量要比较大，因而冰架表面每年都有降雪积累。但是，相比于冰盖，冰架所处的纬度和海拔低，雪层融化强烈，融水渗透和再冻结过程显著。

冰架表面雪层的融化、融水下渗以及再冻结过程，与冰川表面雪层非常类似，因而可以用类似的模型给予描述。冰架表面暖季虽然融化比冰盖强烈，但因为处于高纬度，冷季气温低而太阳辐射很弱，雪层中滞留水分和雪层底部聚集的水分会重新冻结，形成水冻结冰层和渗浸冻结冰，然后新降雪又在其上累积。

关于冰架内部是否有空穴及水系存在，尚未有观测资料。可以预见，如果冰内裂隙和水系很发育的话，冰架很容易垮塌。冰架比较靠近前缘的区域，在海水波动的作用下会有裂缝形成，表面融水必然会向裂缝注入。冰架厚度平均有数百米，即使深入海洋较远的部分，厚度至少也在几十米，融水向裂缝的注入和在裂缝中滞留时间以及是否会有重新冻结现象，取决于裂缝大小、融水注入量和冰温等多种因素。总体上，融水向裂缝中的注入有助于裂缝进一步扩张，从而促进冰架的崩解。

冰山绝大部分浸泡在海水中，露出海面的部分虽然有时也会有雪层覆盖，但主要还是以裸冰为主，冰山融水基本都直接进入海洋。

思　考　题

1. 冰冻圈热量来源主要为边界上的能量平衡，为何要研究内部热状况？
2. 冰冻圈内的液态水有哪些重要作用？

第6章

冰冻圈物理研究方法

现代科学实质上就是实验科学，无论哪种学科，都是通过直接观察和实验来揭示研究对象的内在本质。对自然现象和过程的研究，还需要在观察和实验的基础上，将其内在机理和变化规律通过物理模型向数学模式的转化而定量地表达出来。冰冻圈物理学各项内容的研究，更是无一例外地包括了现场观测、室内实验和模式研究三方面。但是，介绍冰冻圈物理研究方法却有相当难度，如果只是概略简述，因具有普通常识特点，似无必要；若要具体对每个参数和各个过程的研究方法进行详细介绍，则每一项内容都需要巨大篇幅，甚至一个参数的观测和实验即可成书。因此，本章尝试性对观测、实验和模拟研究中最主要内容给予基本原理阐述，尽量不涉及具体设备和步骤。

6.1　研究方法简述

冰冻圈物理研究方法虽然分为观测、实验和模拟三方面，但它们有密切的相互关联性。本节简要阐述这三方面的基本概况和它们的关联性。

6.1.1　观测、实验和模拟的特点

1. 现场观测

冰冻圈作为地球表层的重要组成部分，与其他自然物体和现象一样，对其物理特征研究的首要途径是直接探测能够表征其物理性质和内在机理的相关参数。对冰冻圈各要素的观测主要包括表面特征及其相关参数的观测和表征内部状态与过程的相关参数的探测两方面。表面特征参数和内部探测参数有些属于物理性质参数，有些对物理性质或物理过程有重要影响，因而通常的现场观测内容对冰冻圈物理研究都是有意义的。围绕现场观测，在方法、技术设备、数据处理等多方面都在不断发展，甚至逐渐形成了相对具有独立性的体系，某一冰冻圈要素、甚至其中某一重要参数的观测都有专门的论著，特别是 20 世纪后期遥感技术的迅速发展，使得冰冻圈遥感具有独立发展的趋势。

2. 实验室研究

实验室研究可以分为四方面：一是对现场获取的样品或人工制作的样品测量其所需的参数，因为野外现场测量受到的自然环境影响因素较多，再者精度高的设备在野外现场受体积、重量、电源等限制。二是对现场获取的或人工制作的样品在人为控制条件下通过专用设备精细地观测某些重要参数变化的变化，以明确这些参数之间的相互影响，揭示重要物理过程的机理和定量化表述，是实验室研究的主体。三是人工制作实体模拟实验，亦即按比例在室内建造与自然界近似的冰冻圈要素实体，通过调节温度、湿度（水分）、风速、受力状况等观察冰冻圈要素的各种变化。严格地讲，第三种实体模拟实验只是第二种实验研究的扩展，也就是将实验研究的样品尺寸给予大幅度的扩大，但由于研究对象规模很大，某些原来适用于尺寸较小的样品的实验设备不再适用，而主要通过置于内部和表面的传感器来监测研究对象的各种变化。四是相似性模拟实验，即按照几何相似和物理相似原则，将自然状态的冰冻圈要素按比例缩小在室内进行模拟观测。这种实验所需样品规模也比较大，但材料与自然界研究对象截然不同。由于这种模拟实验的难度较大，目前并不普遍。实验室研究的最大特点是需要相当规模的实验空间、强大的实验条件控制系统和大量的实验观测设备，对确定冰冻圈物理性质参数、建立各种物理参数之间的定量关系和发展冰冻圈基础理论至关重要。

3. 模拟研究

模拟研究是冰冻圈物理研究极为重要的一个环节。本质上讲，实验室内进行的实验研究也是模拟研究的一部分，特别是实体模拟和相似性模拟，但本书暂且将其归入实验室研究，而将模拟研究分为模式研究和仿真模拟。模式研究是在前述现场观测和实验室研究的基础上，基于物质过程模型建立的数学方程及其定解条件和求解方法研究。仿真模拟是以模式研究为基础，通过强大的计算机功能和人工智能技术，或者制作实物仿真模具，或者以虚拟可视化形式，直观地展示冰冻圈的各种物理过程。由于模式研究中的求解过程也依赖于计算机的计算功能，这里所说的模拟研究以计算机技术的应用为主要特色。

6.1.2 观测、实验和模拟的关联性

冰冻圈物理研究中无论是现场观测，还是实验研究或模拟研究，其最终目的都是明确冰冻圈的内在机理，以定量化的方式或直观的形式展示冰冻圈的各种过程，因而研究方法中的三方面是紧密联系并相互交叉的。

通过野外现场观测虽然能获取自然状态冰冻圈要素的各种信息，但由于各种因素综合作用，很难得到某个变量对另一个变量影响的准确信息，而实验室研究可通过人为控

制条件获取有关变量之间的定量关系，模拟研究则是利用各种观测和实验获得的定量研究结果，通过数值模型简明地表达出来。因此，这三方面并不完全独立，且具有递进和相互促进的特点。

对物理过程的定量描述作为冰冻圈物理研究的核心，贯穿于研究方法的每个方面。尽管现场观测的结果精细程度较低，但因为反映的是真实自然状态，基于大量观测资料的统计分析建立统计模式，具有非常重要的应用价值。将实验研究结果与现场观测结合起来，才能建立与真实自然状态比较近似的物理模型。数值模拟与仿真模拟则更需要丰富的现场观测和实验研究结果作为支撑。因此，对冰冻圈物理研究方法虽然人为地划分了三方面，将三者综合起来才能体现冰冻圈物理研究方法的完整性，也是冰冻圈物理研究的重要发展趋势之一。

6.2　现场探测和监测

冰冻圈观测内容极为广泛，一个参数的观测方法、技术设备和数据处理就会包括好多内容。本节拟按表面特征、热学、力学（包括动力学）、能量交换（能量平衡）、物质变化（物质平衡）等分类阐述直接和间接观测所遵从的基本原理和主要途径，对具体的观测设备与操作、数据获取与处理等尽量不予涉及。

6.2.1　表面特征

冰冻圈表面特征参数很广，大致上可分为形态特征参数和表面特性参数。形态特征参数主要包括冰冻圈要素的边界、几何形状和规模等，它们间接或直接影响着冰冻圈物理过程，如厚度、坡度和规模对冰冻圈要素受力状况有影响，边界状况影响能量和物质交换等。表面特性参数有些本身就属于冰冻圈要素的物理性质参数，如反照率、温度、运动速度等，有些对物理性质或物理过程有影响，如表面物质组成、粗糙度状况、雪的粒径和密度等。

对表面特征参数的观测可以通过现场勘查观测和遥感观测两种途径实现。现场勘查最普通的是人工肉眼观察和借助随身携带简易设备测量，也可将有些设备固定在现场自动记录测量数据，如自动气象站等。遥感观测是将特制传感器置于航空器（遥感飞机）或卫星上，通过接收信号设备和数据处理系统反演冰冻圈表面特征参数。卫星遥感发展极为迅速，冰冻圈遥感已逐渐发展成为冰冻圈科学的一个分支，这里不再多叙。冰冻圈航空遥感在国外应用较多，国内极为缺乏，其原理与卫星遥感相同。值得一提的是通过无人机观测在国内近年来趋于普遍，主要是针对某一项参数，将设备固定在无人机上遥控观测。

6.2.2　热学特征参数

冰冻圈热学性质参数主要有比热、热导率和热扩散率。温度既是表征热状态的关键指标，又影响热学性质参数，而且还影响力学和动力学特征，对能量和物质交换也有至关重要的意义，因而被看作基本物理参数，这里将其放在热学特征参数一类。

对冰冻圈热学参数测定的基本原理是量热法，也就是对某一确定质量或体积的冰冻圈要素，通过测量其热量变化来计算热学参数。比热是单位质量或单位体积温度变化一个单位需要吸收或释放的热量，于是可以控制热源让其温度变化一个单位，看热量变化多少。热导率是某一方向上单位距离内温度变化一个单位所吸收或释放的热量，于是可以通过线热源施加热量观测温度变化而获得。热扩散率可由比热、热导率和密度计算获得。

在现场观测热学参数时，有三个要求，首先要使被测量单元体处在与外界绝热状态，以便测到的只是施加热源的结果而没有其他热源影响；其次，施加的热源要非常精确，且只能施加在准确的位置上；另外，设备要简便，易操作，测量时间短。由于测量对象处于天然状态，各种因素的影响实际上很难排除，被测量单元在修整和测量过程中某些物理参数会发生变化（如雪层剖面在修整和测量过程中其粒径和密度等都在不断变化中），能够便于携带和操作的设备精度较低。因此，现场测量获取的热学参数值一般都比较粗略，同类物质组成的测量对象，不同地点和不同时间测得数据会存在差异，需要大量的观测以获得统计平均。

相对来说，比热的测定较热导率容易，因为采用质量比热的话，粒径、密度等影响不予考虑。物质组成相对比较单一或简单的研究对象测量比较容易，冰和雪的热学参数还可以直接参考应已有的实验室测量结果。在冰冻圈各要素中，冻土的热学参数测量最为困难，但又必须进行现场测量，因为实验室测量只能针对一些主要冻土物质组成类型，而自然条件下的冻土物质组成和结构是千变万化的。

温度测量对任何冰冻圈要素的现场观测都是必须的内容。对表面温度的观测可采用温度计直接测量，但冰冻圈各要素的表面大都处于不断变化中，很难将置于表面的温度计不断进行位置调整，因而将红外线测温计置于近表面空中来探测表面温度是近年来发展很迅速的一项技术。对冰冻圈内部温度测量通常采用钻孔测温方法，亦即先用钻机打一个孔，将温度感应件置于钻孔中后将孔封闭起来，以后就可选择时间测量或采集数据。温度感应件分为有线和无线两种，有线是感应件上有连接线，在表面通过测温表测量感应件指示的温度；无线是感应件内设置发送信号功能，在远处可用接受设备采集感应件温度信号。钻孔也分为有套管和无套管两种，对相对静止的测量对象（如冻土）采用套管可使感应件免受损坏，运动介质深度较大的钻孔因不同深度运动速度有差异，不宜采用套管。

运用微波遥感方法也可获得表面热状况的一些重要信息，如积雪湿度、亮温和冻土表面湿度、冻融循环等。

6.2.3　力学（和动力学）特征参数

力学参数主要反映为介质受力后如何变化，因为受力条件不易观测，在野外现场对力学参数的直接观测有难度，但可以在现场原位采集样品，通过能够携带的简易设备立即在现场进行实验观测，如各种强度指标以及与其相关的密度或容重、水分和其他物质组成等，以避免样品远距离运至实验室后其结构等发生变化。不过，其中有些影响力学性质的参数也可以直接现场原位测量而不必采样观测，如含水率、粒径、结构（反映物质组成和构造特征，并非微观的晶体结构）等。

由于许多冰冻圈要素处于运动状态，对运动形式的观察和速度测量也是现场观测的重要内容。通常对海冰和河冰运动现场人工观测难度很大，需借助遥感或其他途径，如空中观测。冰川、冰盖和冰架的运动可以通过表面设立标志定期观测其位移而得到表面运动速度，也可以用遥感方法中干涉雷达数据反演表面标志物的位移，但小规模山地冰川因表面形态复杂目前遥感反演还未普遍应用，未来随着遥感技术发展会不断改进。河冰、积雪的运动观测相对比较困难，通过空中摄影推算运动速度是一种选择。

微波遥感对非运动目标如冻土的变形也能进行监测。

6.2.4　能量平衡

冰冻圈表面能量平衡现场观测内容多且极具复杂性，因而比较耗费人力物力，但目前已经越来越普遍的成为现场观测的必要内容。能量平衡中最主要的是辐射平衡，其次是湍流交换热。如果能量分量全要素观测，还需要观测表面与介质内部热量交换。由于能量通量很大程度上受控于天气条件，表面与近地面大气的温度、湿度、风速、降水等也是必须观测的内容。

表面净辐射平衡由入射和反射短波辐、入射长波辐射和反向长波辐射四个辐射分量所决定，因而辐射平衡观测就是对这四个辐射通量的测量，一般都使用成熟的四分量辐射计在现场观测。

湍流交换热包括感热通量和潜热通量，因为近地面空气湍流过程复杂多变，直接观测比较困难，通常是通过气温和表面温度、风速、湿度、表面粗糙度观测数据用空气动力学模式进行理论计算，误差较大。近年来涡动相关系统设备被用来估算湍流交换热，效果较好，但因设备较笨重，在运动中的冰冻圈要素上使用不太方便。

表面之下的传热可在温度梯度观测和介质热学参数观测的基础上进行理论计算，通常情况下这部分热通量较小。

气象观测一般采用自动气象站，同时辐射平衡观测设备（四分量辐射计）也固定在自动气象站上。在处于运动中和表面处于变化中的冰冻圈要素（冰川、冰盖、海冰、冰架以及河冰和湖冰）上，为了长时间保持气象站和涡动相关系统直立和传感器与表面保持固定距离，必须定期人工调整和维护。

6.2.5　物质平衡

物质平衡观测内容主要是各种相态水分的收入和支出，其中以降水和融化以及水分流失最为重要（物质收入和支出各项可参见第 3 章）。因水分的相变时常发生，而相变又会产生巨大的潜热，表面融化和其他相变可由能量平衡模式进行计算。于是，表面物质平衡观测和能量平衡观测可同步进行，以便相互印证。

由于表面能量平衡和物质平衡同步观测仅只能在单点上开展，其结果主要用于能量-物质平衡模式研究，要获得某一时段大范围冰冻圈物质平衡，需要大范围表面观测数据支持。所以，单条冰川或其他冰冻圈要素某一区域的物质平衡可通过人工地面观测（固定点物质增减观测、重复地面立体摄影测量、激光扫描仪、水文断面水量平衡法等）实现，资料的可靠性较高；而某一流域或区域的冰川，或其他冰冻圈要素大范围物质平衡，需要通过遥感监测来获得。目前遥感方法监测冰冻圈物质平衡主要有高度计和重力测量两种，前者是通过电磁波回波或激光反射信号计算传感器与地面测量物体的距离，重复测量即可获得两次测量时间段这种距离的变化，以及冰冻圈表面高程的变化量，依据介质密度就可算出物质损失或增加量；后者是通过目标物重力场的变化计算质量变化。

冰盖和冰架的边缘崩解是物质损失的主要方式，但地面难以直接观测，通常仍主要靠遥感监测。

6.3　实验室研究

在实验室人为控制条件下对样品进行测量、开展某种特性实验观测、实体模拟和相似性模拟研究等，种类繁多，内容丰富。鉴于这些研究都是在实验室内开展，这里将它们统称为实验室研究。本节对实验室研究几种主要类型的内容给予简单介绍。

6.3.1　样品测量

实验室样品测量是指在室内直接测量有关参数或指标，并不涉及改变其中的某些参数来观测另外参数变化，是实验室研究的第一步和初步内容。在实验室测量的样品有取自野外现场和实验室人工制作两种。野外现场采集的样品能够反映自然真实状态，在实验室用高精度设备测量某些重要参数很有必要。但自然样品其物质组成和结构等在空间上很不均一，需要人工制作具有代表性种类样品测定对应的某种指标。例如，可以制作某种杂质不同含量不同分布形式（均匀分布、条带状分布、块状分布等）来测定其物理性质参数。

对各类样品的测定参数可分为基本特征、热学性质、力学性质、光学和电学性质等。

基本特征参数主要包括物质组成、颗粒或冰的晶粒尺寸、冰的晶体组构、介质密度或容重、盐度、孔隙率、未冻水含量等。这些参数反映了冰冻圈各要素基本表观特征，所用设备相对简单，大多在野外现场就可测量，但室内测量的准确性更高，而且还需要人工制作一些代表性样品进行测量。

热学性质参数主要包括比热（热容量）、热导率、热扩散率、冻结温度（冰点）和融化温度（融点）等。热学参数在现场也可以测量，但一般较为粗略。实验室测量的原理与现场测量相同，但使用的设备精度更高。由于热学参数测量时需要对样品加热改变温度，从这个角度看又属于实验研究内容，在后面将进一步阐述。

力学性质参数比较复杂，因为这类参数是要表征样品受力后的变化特征，需要经过力学实验才能获得，因而实际上属于实验观测。

光学性质参数主要为测试对象对光的吸收系数、折射系数、反射率等，电学性质参数主要为介电常数、电导率、电阻率等。

实验室对样品各个参数测定所使用的仪器设备多种多样，同一个参数可使用不同的设备，同类型设备也可能会有差异，这里不再具体逐一介绍。

6.3.2　实验观测研究

实验观测研究主要是指在温度等环境条件可控状态下，考察实体样品某一参数改变时其他参数的变化情况，以揭示某一过程的机理，为定量表达某些重参数之间的关系提供支撑，内容非常丰富，可认为是实验室研究的主体，因而通常简称实验研究或实验，按类别又分为力学实验、热学实验等。

1. 力学实验

不同冰冻圈要素实验研究的主要内容有所不同，但总体上力学实验研究对绝大多数冰冻圈要素来说都是最主要的。冰川、冰盖和冰架属于同一种类型的冰体，其力学实验的主要目的是揭示晶体结构、温度、应力和杂质成分对变形机理和过程的影响，因而需要对不同类型样品进行不同温度和不同应力条件下的实验观测。海冰、河冰和湖冰等则是以各种强度研究为主要目标，对不同类型冰样在不同温度条件下进行各种荷载方式的实验观测，海冰尤其还要考察盐度和孔隙率对力学性质的影响。冻土的力学实验内容最为丰富，因为冻土的物质组成和结构极为复杂多样，又有水分迁移和变化参与其中。冻土的力学实验主要是对不同土质、不同含冰量、不同冻土结构等在不同温度和受力方式条件下的各种强度、变形机理和过程进行观测研究。另外，冻土中未冻水及其迁移和盐分含量对其力学性质具有显著影响，因而冻土力学实验既要将土、冰、水、盐的作用分别单独进行实验，又要综合考察它们的影响。

在冰冻圈力学实验研究中，一个实验往往要持续多日甚至几十天，精确控制温度和湿度不变是首要条件。力学实验又分为单轴实验和三轴实验，单轴实验是在一个方向上施加载荷，三轴实验是在三维空间各个方向上施加载荷；按受力方式又分为静载荷和动载荷、快速和缓慢加载、匀速和加速加载等，实验设备种类繁多。

2. 热学实验

热学实验大致上可分为热学参数测定和温度等条件改变下热量传递和水分变化及迁移过程两方面内容，前者可称为热学性质实验，后者常叫作水热过程实验。

热学性质实验如现场观测中所述，是通过量热法原理用专门的设备测定相关的热学参数。其中热导率是最关键的热学参数，所用设备类型也较多，主要区别是加热方法不同，如有稳定加热法和非稳定加热法。稳定加热法是用热源对样品加热后使温度从原来的稳定分布达到新的稳定分布，然后根据施加的热量、样品尺寸、时间和温度差，应用热传导定律计算热导率。非稳定法是用热源对样品短时间加热，使温度分布瞬时发生变化，根据不同时间温度分布，通过热传导方程（通常是一维）的解计算样品的热导率。加热设备多种多样，但都有各自的优点与局限。比热（或热容量）测定比热导率简单，因而有非常成熟的设备可供使用，如扫描量热仪，还有用于分析比热随温度变化的热备。热扩散率既可以根据比热、热导率和密度计算求得，也可用类似于热导率测定法的方法进行测量。

水热过程实验是通过观测各类特定样品（不同物质组成和结构）在边界温度和/或其他某些环境要素（如湿度或水分供应条件）改变后，内部温度和水分如何变化，揭示影响热量传递和水分迁移及相变的因素，特别是通过大量不同样品和不同实验条件的观测结果，以热量和水分平衡原理为基础，统计分析得出水热过程中某些重要参数（如导水率、热学参数变化等）的定量表述。这类实验研究内容也非常丰富，是冰冻圈物理实验研究的另一主要领域。

力学和热学实验研究虽然具有独立性，但由于温度影响力学性质，物体受力产生热量，力学和热学又有相互关联性。特别是液态水的存在更加剧了力学和热学之间的相互影响。另外，盐分对力学和热学也都有重要影响。因此，开展力、热、水、盐综合实验研究正在成为一种趋势。

冰冻圈其他特征或过程（如温度等条件改变下的电磁学、光学等特性的变化）的实验研究相比于力学和热学实验要少许多，主要与冰冻圈探测技术有关，这里不再阐述。

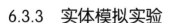

6.3.3　实体模拟实验

这类实验研究是在室内建造与自然界相同或非常近似的冰冻圈要素，但物质组成和结构要有代表性，通过人为控制环境条件，观测某种变化或综合变化过程，以达到深入和全面了解变化的机理或多因素综合作用的目的。实体模拟实验与前述样品实验观测原理是一样的，但实体规模要比样品实验大得多，因而不能像样品实验观测那样将研究实体置于测试设备中。

实体模拟实验可以是单个目标或单个参数的模拟实验，如风吹雪起动和运动实验、静态水和流水结冰实验等；也可以是具有一定综合性特征的实验，如冻土冻胀-融沉和变化过程实验、不同形式河冰与水流相互作用实验等。但在室内建造一种冰冻圈要素的整体或一大部分进行综合观测，基本上是不可能的，因为室内空间和环境条件控制系统毕竟是有限的。

在实体模拟实验中，按照具体研究目标、技术支撑条件和经费限制，实体规模、观测设备、实验时段等有很大的变化范围。有些实验规模小，有些设备和实验过程相对比较简单，有些则规模宏大，有些设备和实验过程非常复杂。

6.3.4　相似性模拟实验

如上面所言，因为在室内很难将完整的一个冰冻圈要素或者很大一部分实体再现，建造与自然状态具有相似性的模拟体进行观测研究成为一种选择。

相似性模拟体的建造需要遵从同时满足几何相似和物理相似的原则，亦即按照自然界研究对象，选择一种材料使其按几何比例缩小到在室内实验观测时，其物理性质参数也按同样的比例缩小，以保证各物理参数之间的关系与自然界研究对象的相同。如果只是几何相似，则物理过程与研究对象并不相同。例如，要模拟研究巨大冰块的运动，只满足几何相似就可能观测的是微小冰粒的运动。所以，在几何相似比例确定以后，通过实验选择合适的替代材料是最为关键的步骤。

由于要保证实验材料的各种物理性质都与自然界研究对象完全遵从相似原则是极为困难的，通常都是针对某一特定物理过程研究，以保证与该物理过程相关的主要物理性质参数满足相似性原则，其他与该物理过程无关或影响较小的物理参数可不予考虑。例如，要研究海冰、河冰运动对某种设施的破坏，或者研究船只的抗冰和破冰能力，则主要考虑实验材料满足力学性质相似原则。

针对特殊需求对某种过程开展相似性模拟实验的重要性显而易见，但由于寻找替代材料的难度较大，目前还不普遍。随着学科发展和实际需求的紧迫性增加，这类研究将会增多。

6.4　模式和模拟研究

从广义上讲，模拟研究大体上可分为实体样本模拟实验、数学模式研究和仿真模拟研究。前面所述的实验室内样品实验和实体模拟实验都属于实体样本模拟实验，相似性模拟实验则兼具实体模拟和仿真模拟的特点，因为其中的相似性样品替代材料具有仿真模具的特点，但实验中有些设施和材料又是真实的冰冻圈要素物质。本节主要简述冰冻圈数学模式和仿真模拟的基本情况。

6.4.1　模式研究

模式研究实际上是将物理过程模型转换成数学模型并求解的过程，简单地说就是用数学方程（或公式）及其解来描述物理过程。教科书《数学物理方法》对一些常见的物理过程进行归类后推导出了描述各类过程的一般泛定方程和特殊定解条件下的解析解形式。自然界冰冻圈各要素的内在机理和变化是各种过程的综合体现，就物理过程来说包含有能量传递、物质迁移、力学和动力学等多种过程，而且边界条件本身也是多种过程交织在一起，因此教科书某些经典的泛定方程可作为参考基础，简单的解析解则基本上不足以描述真实状态。

在现实中，一方面为了数学上便于处理，另一方面为了对某种过程深入探究，将冰冻圈物理过程也分类进行模式研究，如能量平衡模式、物质平衡模式、动力学模式、水分迁移模式、热力学模式等。关于这些模式的基本原理、泛定方程和边界条件（因自然界冰冻圈要素处于不断变化过程中，一般很难确定初始条件）的主要特征在前面有关章节分别有所叙述，这里仅指出对这些泛定方程以及定解条件的细化和参数化问题。

一般来说，由物理模型转换成数学模型的一般性方程具有普适性，但因为它包括了所有影响因素并考虑三维空间，要对各个因素在各个方向上都精细刻画，具体化的方程势必十分复杂而难以求解。因此，需要针对具体情况和研究重点，对一般性方程进行合理的简化和修改，在空间上可只考虑二维甚至一维情况，对影响比较小的因素可简单处理甚或忽略。例如，在表面能量平衡模式中研究中，主要只考虑竖直方向，如果是在冰盖内陆，因降水量小且都为固态形式，降水携带热量可被忽略；当反照率分布比较确定时，短波净辐射可表示为反照率简单函数等。

由于自然界的环境因素是复杂多变的，对边界条件的准确描述极为困难。在既保证具有相当合理性又能使方程便于求解的前提下，针对各种具体情况，多种多样近似描述边界条件的方案不断涌现。例如，在研究冰冻圈内部能量和物质迁移时，表面的能量平衡条件和水分交换就可以有很多表述形式；冰川动力学模式中底部边界条件如何表述应力、应变、滑动、相变等因素。

因为大多数需要输入的参数不是常量，要对所有参数给出定量表达（确定的数值或公式）也是极为重要的。否则，即使泛定方程和边界条件都很合理，输入参数的质量很差也导致模拟结果与实际偏离很大。所以，针对具体研究目标对输入参数近似表达或处理的参数化方案是极为重要的，特别是在一般性方程和主要的简化方程成为共识情况下，参数化方案的改进就成为模式研究的重点。

　　在单个物理过程的模式研究大力发展的同时，多过程亦即多模式耦合的研究也在不断发展中。如前所述，自然界冰冻圈物理过程是多个过程的综合，这些过程的相互影响应予以考虑，特别是当有液态水存在时。因此，两种甚至多种过程的耦合模式也成为模式研究发展的必然，如能量-物质平衡模式、热力-动力学模式、水-热耦合模式等。

　　计算机功能对模式研究具有极大的制约，复杂模式的数值求解必须依赖高性能计算机。也正是因为近几十年计算机功能的快速提高，各种与真实情况比较近似的复杂模式研究才得以发展。

6.4.2　仿真模拟

　　在现代科技飞速发展形势下，仿真模拟正在发展成为一个涵盖各个领域的新兴学科，其类别和形式多样化，可谓日新月异。

　　按照大的类别，似可分为物理仿真、数学仿真、半实物仿真和虚拟仿真等。物理仿真是按真实的研究对象构造物理模型，并在模型上进行实验以展示与真实研究对象具有相似性的物理过程，6.3.4 节所述的"相似性模拟实验"很大程度上属于物理仿真。物理仿真的优点在于按照相似性原则构建的模型能够直观地再现真实研究对象的特点，但受到材料选取需要充分的实验、模型不易改变和投资巨大的限制。

　　数学仿真是对前述模式研究的进一步提升，将真实的研究对象用数学模型表述的实验过程，亦即将真实研究对象的各种状态和变化以数字化形式表现出来。其特点是能够体现数学表达的精准性，但数学模型构建难度很大，因为对某些物理过程的了解还达不到用准确的数学公式描述的程度。

　　半实物仿真是将数学仿真与物理仿真和实物模具结合起来，其综合优势明显，但系统构建和实验过程等比较复杂。

　　虚拟仿真是通过计算机技术和人工智能，将真实的研究对象可视化的呈现出来。这种仿真模拟除了依赖具有强大功能的计算机技术和人工智能元器件外，其基础支撑为数学模式，如果数学模式对物理过程的表述不够准确和精细，虚拟显示的结果就会与真实偏差很大。

　　冰冻圈仿真模拟研究的实例目前还很缺乏，但随着学科的发展，仿真模拟会成为一种趋势。

思 考 题

1. 冰冻圈物理研究方法的核心是什么?
2. 冰冻圈物理研究方法将如何进一步发展?

参 考 文 献

蔡琳, 等. 2008. 中国江河冰凌. 郑州: 黄河水利出版社.

崔托维奇 H A. 1985. 冻土力学. 张长庆, 朱元林译. 北京: 科学出版社.

马巍, 王大雁. 2014. 冻土力学. 北京: 科学出版社.

马喜祥, 白师录, 袁学安, 等. 2009. 中国河流冰情. 郑州: 黄河水利出版社.

秦大河, 等. 2018. 冰冻圈科学概论(修订版). 北京: 科学出版社.

秦善. 2011. 结构矿物学. 北京: 北京大学出版社.

王彦龙. 1993. 川藏公路沿线雪害与防治. 北京: 海洋出版社.

吴紫汪, 马巍. 1993. 冻土的强度与蠕变. 兰州: 兰州大学出版社.

Cuffey K M, Paterson W B S. 2010. The Physics of Glaciers. 4th edition. Amsterdam, Boston: Elsevier.

Echelmeyer K, Wang Z X. 1987. Direct observation of basal sliding and deformation of basal drift at sub-freezing temperatures. Journal of Glaciology, 33(113): 83-98.

Frederking R M W, Timco G W. 1984. Measurement of shear strength of granular/discontinuous columnar sea ice. Cold Regions Science and Technology, 9(3): 215-220.

Gardner A R, Jones R H. 1984. A new creep equation for frozen soils and ice. Cold Regions Science and Technology, 9: 271-275.

Hobbs P V. 1974. Ice Physics. Oxford: Clarendon Press(Oxford University Press).

Paterson W S B. 1994. The Physics of Glaciers. 3nd edition. Oxford: Pergamon Press.

Schwerdtfeger P. 1963. Theoretical derivation of the thermal conductivity and diffusivity of snow. IASH Publ. 61: 75-81.

Timco G W, Weeks W F. 2010. A review of the engineering properties of sea ice. Cold Regions Science and Technology, 60, 107-129.

Yen Y C, Cheng K C, Fukusako S. 1991/1992. A review of intrinsic thermophysical properties of snow, ice, sea ice, and frost. The Northern Engineer, 23(4) and 24(1): 53-74.